高等院校计算机应用系列教材

Python 语言程序设计入门实验指导(第二版)

郑江超　李宏岩　杨为明　隋励丽　焉德军　编著

清华大学出版社

北　京

内 容 简 介

本书是《Python 语言程序设计入门》(第二版)(微课版)的配套实验指导教材,全书共分 3 篇:第一篇是 Python 程序设计实验指导,结合主教材内容提供了 14 个实验,每个实验给出了实验目的、要求以及程序提示;第二篇是全国计算机等级考试二级 Python 介绍,包括全国计算机等级考试大纲、公共基础知识、Python 模拟题等;第三篇是 Python 应用实训,介绍了 Python 在网络爬虫、数据处理和数据可视化等方面的应用。

本书内容丰富,实用性强,与《Python 语言程序设计入门》(第二版)(微课版)一起构成了一套完整的教学用书,可作为高等院校的教学参考书,也可作为全国计算机等级考试(NCRE)备考人员的参考资料。

本书配套的实例源文件可以到 http://www.tupwk.com.cn/downpage 网站下载,也可以扫描前言中的二维码获取。

图书在版编目(CIP)数据

Python 语言程序设计入门实验指导 / 郑江超等编著. —2 版. —北京:清华大学出版社,2023.6
高等院校计算机应用系列教材
ISBN 978-7-302-63838-4

I. ①P… II. ①郑… III. ①软件工具—程序设计—高等学校—教材 IV. ①TP311.561

中国国家版本馆 CIP 数据核字(2023)第 104528 号

责任编辑:胡辰浩
封面设计:高娟妮
版式设计:孔祥峰
责任校对:成凤进
责任印制:朱雨萌

出版发行:清华大学出版社
      网   址:http://www.tup.com.cn,http://www.wqbook.com
      地   址:北京清华大学学研大厦 A 座   邮   编:100084
      社 总 机:010-83470000   邮   购:010-62786544
      投稿与读者服务:010-62776969,c-service@tup.tsinghua.edu.cn
      质 量 反 馈:010-62772015,zhiliang@tup.tsinghua.edu.cn
印 装 者:北京同文印刷有限责任公司
经   销:全国新华书店
开   本:185mm×260mm   印   张:13.25   字   数:339 千字
版   次:2021 年 8 月第 1 版   2023 年 7 月第 2 版   印   次:2023 年 7 月第 1 次印刷
定   价:72.00 元

产品编号:101907-01

前　言

　　Python 语言诞生于 20 世纪 90 年代，是一种跨平台、开源、面向对象、解释型、动态数据类型的高级计算机程序设计语言，在 Web 开发、科学计算、人工智能、大数据分析和系统运维等领域得到广泛应用，深受人们的青睐。不论你是计算机类专业的学生，还是非计算机类专业的学生，也不论你是否有一定的编程基础，只要你想学习 Python 语言，我们相信本书是一种比较合适的入门教材。

　　随着计算机基础教育形式的更新，2018 年，大连民族大学计算机基础实验教学中心成立了 Python 语言课组，课组成员有焉德军、李宏岩、郑江超、隋励丽、杨为明、若曼、郑智强、王铎等多名老师。从课组成立开始，课组成员多次进行集体备课，进行 Python 语言程序设计集中学习，并多次参加各类 Python 语言程序设计相关的培训班：2019 年 4 月，Python 语言课组的五名教师，参加了在长沙举办的第三届全国高校 Python 语言与计算生态教学研讨会；2019 年 7 月，Python 语言课组全体成员参加了在南开大学举办的 Python 语言教学培训班；2019 年 8 月，Python 语言课组的两名教师参加了全国高校大数据联盟举办的 Python 编程及大数据分析教师研修班；2020 年 1 月，Python 语言课组的两名教师参加了北京雷课教育举办的 Python 人工智能及大数据分析研修班；2020 年 1 月，Python 语言课组全体成员参加了由东华大学举办的 Python 语言与大数据培训。经过一系列的培训和学习以及课组成员间的交流研讨，我们对于有关 Python 语言课程的教学内容、教学方法、教学手段等有了深刻认识，增强了在全校大范围开设 Python 语言程序设计课程的信心。2019 年秋季学期，计算机基础实验教学中心停开了已经开设多年的 VB 程序设计课程和 Access 数据库课程，在全校 5 个学院 21 个专业新开设了 Python 语言程序设计课程。

　　经过几年的学习和教学实践，Python 语言课组积累了丰富的经验，着手编写适合高校学生学习的教材《Python 语言程序设计入门》(第二版)(微课版)和实验教程《Python 语言程序设计入门实验指导》(第二版)。《Python 语言程序设计入门》(第二版)(微课版)以全国计算机等级考试二级 Python 语言程序设计考试大纲为指导，围绕 Python 的基础语法和数据结构组织内容，包含 Python 概述、Python 语言基础、Python 程序的控制结构、函数、组合数据类型、文件和数据格式化，以及模块、包与库的使用，此外，还涉及图形用户界面程序设计等内容。《Python 语言程序设计入门实验指导》(第二版)则包含三篇内容：与主教材内容相关的 14 个实验项目；Python 语言的二级等级考试大纲和模拟题；网络爬虫、数据分析、数据可视化等项目实训。

　　为了更好地开展线上线下混合模式教学，结合教材，我们录制了 44 个 MOOC 教学视频，总时长 630 分钟，在中国大学 MOOC 的 SPOC 学校专有课程(大连民族大学)上线(http://www.icourse163.org/course/preview/DLNU-1461020176?tid=1461806466)。同时，基于"百科园通用考试平台"，我们构建了 Python 语言程序设计题库，为实施过程化考核和形成性评价奠定了扎实基础。

为了更好地开展课程思政，结合教学内容，我们合理地设计了一些课程思政案例，如鸿蒙操作系统、社会主义核心价值观知识问答程序、习近平总书记在庆祝中华人民共和国成立70周年大会上的讲话词频分析、《中共中央关于坚持和完善中国特色社会主义制度、推进国家治理体系和治理能力现代化若干重大问题的决定》词云图等，所有这些课程思政案例，与教学内容紧密结合，不突兀，不牵强，因势利导、顺势而为地自然融入，起到润物无声、潜移默化的效果。在潜移默化中，让学生增长见识，坚定学生的理想信念，激发学生的爱国热情，培养学生具有民族自信心和维护国家利益的责任感，唤醒学生"为中华之崛起而读书"的原动力。

本套教材以程序设计初学者为对象，由浅入深、循序渐进地讲述 Python 语言的基本概念、基本语法和数据结构等基础知识，包括 Python 语言开发环境的安装、变量与数据类型、程序控制结构、函数和模块、文件、Python 标准库和第三方库应用等。

程序设计初学者通过学习本套教材，可以快速掌握程序设计的基本思想和一般方法，达到如下目标。

- 知识传授目标：掌握 Python 语言的数据类型、基本控制结构、函数设计以及部分标准库和扩展库的使用，理解文件的基本处理方法，了解当下热门领域的 Python 扩展库的使用方法。
- 能力培养目标：让学生具有分析问题、解决问题的能力，以及计算思维和信息素养，掌握程序设计方法，具备利用 Python 语言编程解决实际问题的能力。
- 价值塑造目标：将科技创新、爱国主义精神等思政元素融入教学，着眼于学生道德素养的熏陶濡染，培养学生一丝不苟、严谨认真、求真务实的工作作风和工匠精神，为学生学习后续课程、参加工作和开展科学研究打下良好基础。

在本套教材的编写过程中，我们参阅了很多有关 Python 语言方面的图书资料和网络资源，借鉴和吸收了其中的很多宝贵经验，在此向相关作者表示衷心的感谢。

由于编者水平有限，书中难免有疏漏之处，敬请各位同行和读者批评指正，在此表示感谢。我们的邮箱是 992116@qq.com，电话是 010-62796045。

本书配套的实例源文件可以到 http://www.tupwk.com.cn/downpage 网站下载，也可以扫描下方的二维码获取。

编 者
2023 年 4 月

目　录

第一篇

Python程序设计实验指导

第1章 实验内容

本章给出了 14 个实验，每个实验与主教材《Python 语言程序设计入门》(第二版)(微课版)中的主题是对应的。教师可根据实际情况选取实验以及其中的内容。

实验一 熟悉 IDLE 集成开发环境

1. 实验目的

(1) 熟悉 Python 开发环境 IDLE 的两种程序模式：交互模式和文件模式。
(2) 通过编辑和运行给出的程序，掌握如何在计算机上创建、编辑、运行 Python 程序。

2. 实验准备

(1) 阅读主教材第 1 章的主要内容。
(2) 了解实验内容。

3. 实验内容

1) 单击【开始】→【程序】→Python 3.8→IDLE(Python 3.8)，打开 IDLE，如图 1-1 所示，打开 IDLE 后进入的是 Shell 模式，这是一种交互式的运行模式。

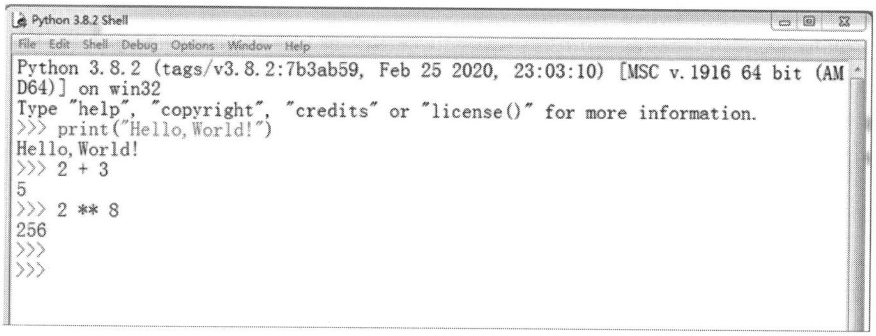

图 1-1 Python 自带的集成开发环境

(1) 在交互窗口中输入 print("Hello,World!")后换行并查看结果(注意所有标点符号应是英文符号)。

(2) 利用交互窗口计算下列表达式的值,每输入一行表达式就换行并查看结果:

```
>>> 99 + 88 - 5*6
>>> (18 + 36)*7 / 2
>>> 2 * 8
>>> 2 ** 8
>>> 17 / 3
>>> 17 % 3
```

(3) 输入 x=input()后换行,然后输入任意一个数字并换行,在看到提示符>>>后,直接输入 x 后换行并查看结果。

2) 选择交互窗口中的 File→New File 菜单命令,创建 Python 脚本文件并打开 Editor 窗口。

(1) 输入下面的程序后保存脚本文件,将其命名为test01.py,运行该脚本程序,查看程序运行结果。

```
# -*- coding: utf-8 -*
##海龟绘图小程序
import turtle
turtle.speed("fastest")
turtle.pensize(2)
for x in range(6):
    turtle.forward(100)
    turtle.left(60)          #角度的控制参数不同,绘制的图像也不同
```

(2) 选中代码的最后两行,在 Editor 窗口中选择 Format→Dedent Region,然后选择 Run→Run Module 菜单命令,运行当前脚本文件,并在交互窗口中输出运行结果。观察与之前代码的区别,并解释原因。

(3) 选中代码的最后两行,在 Editor 窗口中选择 Format→Indent Region,然后选择 Run→Run Module 菜单命令,运行当前脚本文件,并在交互窗口中输出运行结果。观察与之前代码的区别,并解释原因。

(4) 选中代码的前两行,在 Editor 窗口中选择 Format→UnComment Region,然后选择 Run→Run Module 菜单命令,运行当前脚本文件,并在交互窗口中输出运行结果。观察与之前代码的区别,并解释原因。

(5) 选中代码的前两行,在 Editor 窗口中选择 Format→Comment out Region,然后选择 Run→Run Module 菜单命令,运行当前脚本文件,并在交互窗口中输出运行结果。观察与之前代码的区别,并解释原因。

3) 打开指定位置的 Python 文件 test01-3.py,运行后查看运行结果。

实验二 数据类型

1. 实验目的

(1) 通过实验加深对数据类型的理解,熟悉数字型、字符型变量的用法。

(2) 掌握基本输入输出函数的用法。

(3) 掌握 Python 常用内置函数的用法。

2. 实验准备

(1) 阅读主教材第 2 章的有关内容。

(2) IDLE 环境中的相关操作请阅读主教材第 1 章的主要内容。

(3) 了解实验内容。

3. 实验内容

(1) 程序填空：在画线处将程序补充完整，使程序运行正确。以下程序的功能是：输入一个正整数，输出对应的平方值。例如，当输入 5 时，输出 25。

```
'''
输入一个正整数 x，
输出这个正整数的平方值。
'''
_____
print("x 的平方是：",x**2)
```

(2) 程序填空：在画线处将程序补充完整，使程序运行正确。以下程序的功能是：输入一个十进制整数，输出对应的二进制数、八进制数和十六进制数。例如，当输入 26 时，输出 0b11010、0o32 和 0x1a。

```
'''
输入一个十进制数 x，
输出对应的二进制数、八进制数和十六进制数。
'''
_____
print("{}的二进制形式是{}、八进制形式是{}、十六进制形式是{}："._____)
```

(3) 程序填空：在画线处将程序补充完整，使程序运行正确。以下程序的功能是：按照指定的模板输出列表里的内容。模板为："×××同学，你已被我校×××学院×××专业录取，请于××年××月××日准时到我校报到"。

```
'''
按照指定的模板输出列表里的内容，
模板为：×××同学，你已被我校×××学院×××专业录取，请于××年××月××日准时到我校报到
'''
student=['王若飞','经济管理','会计','2020-9-7']
print(_____)
```

(4) 已知直角三角形的两条直角边，编写程序，求斜边的长度并输出。

(5) 编写程序，求下列字符串中最长的英文单词。

A startup backed by the Japanese automaker has developed a test model that engineers hope will eventually develop into a tiny car with a driver who'll be able to light the Olympic torch in the 2020 Tokyo games.

(6) 编写程序，计算下面这组成绩的总分、平均分、最高分和最低分。

42, 85, 84, 91, 97, 73, 72, 60, 84, 79, 69, 57, 48, 88, 86, 97, 90, 86, 81

实验三 运算符和表达式

1. 实验目的

(1) 通过实验加深理解常用的运算符及表达式。
(2) 掌握自动类型转换规则和强制类型转换方法。
(3) 掌握运算符的优先级和结合性。
(4) 理解表达式的求解过程。

2. 实验准备

(1) 阅读主教材第 2 章的有关内容。
(2) 了解实验内容。

3. 实验内容

(1) 程序填空：在画线处将程序补充完整，使程序运行正确。以下程序的功能是：输入一个两位的正整数，按倒序输出。例如，当输入 56 时，输出 65。

```
'''
输入一个两位的正整数，
按倒序输出。
'''
x=int(input('输入一个两位的正整数：'))
a=_____
b=_____
print('x 的倒序输出是',b*10+a)
```

(2) 程序填空：在画线处将程序补充完整，使程序运行正确。以下程序的功能是：输入两个点的坐标，计算并输出这两点之间的距离，要求精确到小数点后两位。

```
'''
输入两个点的坐标，
计算这两点之间的距离，精确到小数点后两位。
'''
x1,y1=_____(input('输入第一个点的坐标，用逗号分隔：'))
x2,y2=_____(input('输入第二个点的坐标，用逗号分隔：'))
p=_____
print('点({},{})和点({},{})之间的距离是{}'.format(_____))
```

(3) 编写程序：输入一个 3 位的正整数，输出其各位数字的立方之和。例如，当输入 312 时，输出 36。

(4) 编写程序：输入一个字符串和一个英文字母，统计这个英文字母在字符串中出现的次数，注意不区分大小写。

实验四 选择结构

1. 实验目的

(1) 通过实验加深理解结构化程序设计。

(2) 掌握 if、if-else 和 if-else-elif 语句的使用方法。

(3) 掌握 Python 结构化程序设计的语法规则。

2. 实验准备

(1) 阅读主教材第 3 章的有关内容。

(2) 了解实验内容。

3. 实验内容

(1) 程序填空：随机生成一个整数，判断是否为奇数并输出结果。在画线处将下列程序补充完整，使程序运行正确。

```
'''
随机生成一个整数，判断是否为奇数并输出结果
'''
import _____
x=_____.randint(1,100)
if _____ :
    print('{}是奇数'.format(x))
_____ :
    print('{}是偶数'.format(x))
```

(2) 程序填空：以下程序的功能是输入学生的成绩，输出与成绩对应的等级。等级的划分标准如下。

[90~100]：优秀

[80~90)：良好

[70~80)：中等

[60~70)：及格

[0~60)：不及格

另外，程序还要能够验证输入的成绩是否在有效范围内。

在画线处将下列程序补充完整，使程序运行正确。

```
'''
输入学生成绩，输出对应等级。
[90~100]：优秀。[80~90)：良好。[70~80)：中等。[60~70)：及格。[0~60)：不及格。
'''
score=eval(input('请输入学生成绩：'))
if _____ :
    print('有效成绩应该在 1~100 范围内！')
elif _____ :
    print('{}的等级为优秀'.format(score))
```

```
    elif _____ :
        print('{}的等级为良好'.format(score))
    elif _____ :
        print('{}的等级为中等'.format(score))
    elif _____ :
        print('{}的等级为及格'.format(score))
    _____ :
        print('{}的等级为不及格'.format(score))
```

(3) 编写程序：要求使用 if 语句，输入 x 后按下式计算 y 值并输出。

$$y = \begin{cases} x^2 + 10 & 0 \leqslant x \leqslant 8 \\ x^3 - 10 & x < 0 或 x > 8 \end{cases}$$

(4) 编写程序：从键盘输入一个字符，如果是数字字符，则输出"这是一个数字字符"；如果是 26 个英文大写字母之一，则输出"这是一个大写英文字母"；如果是 26 个英文小写字母之一，则输出"这是一个小写英文字母"；否则，输出"这是其他字符"。

实验五　循环结构

1. 实验目的

(1) 通过实验加深理解结构化程序设计。

(2) 掌握 while、for…in 语句的使用方法。

(3) 学会使用顺序结构、选择结构和循环结构编写程序。

2. 实验准备

(1) 阅读主教材第 3 章的有关内容。

(2) 了解实验内容。

3. 实验内容

(1) 程序填空：以下程序的功能是求 1~100 的奇数和与偶数和并输出结果。在画线处将下列程序补充完整，使程序运行正确。

```
"""
计算 1~100 的奇数和与偶数和并输出结果
"""
s1=s2=0
for i in range(_____):
    if _____ :
        s1 += i
    else:
        s2 += i
print('1~100 的奇数和是{}、偶数和是{}'.format(_____))
```

(2) 程序填空：输入一个整数，判断并输出它是一个几位数。例如，当输入 32767 时，输出 32767 是一个 5 位数。在画线处将下列程序补充完整，使程序运行正确。

```
'''
输入一个整数,判断并输出它是一个几位数。
'''
x = int(input("))
n = 0
while _____ :
    n += 1
    x //= _____
print('{}是{}位数'.format(x,n))
```

(3) 编写程序:计算 1!+2!+3!+…+10!(分别使用循环嵌套和 math 库中的 factorial 函数来求解)。

(4) 编写程序:计算 Fibonacci 数列的第 40 项。Fibonacci 数列如下:

$$1,1,2,3,5,8,13,21,\cdots$$

Fibonacci 数列的特点是:前两项都是 1,从第 3 项开始,后面的每一项都是前两项之和。

实验六 函数

1. 实验目的

(1) 掌握定义与调用函数的方法。

(2) 理解与掌握函数参数的基本知识。

(3) 学会用函数编写程序。

2. 实验准备

(1) 阅读主教材第 4 章的有关内容。

(2) 了解实验内容。

3. 实验内容

(1) 程序填空:fun 函数的功能是根据两个直角边 x 和 y,计算并返回斜边的长度。在画线处将下列程序补充完整,使程序运行正确。

```
def fun(x,y):
    return _____
leg1,leg2=eval(input('输入两条直角边,以逗号分隔:'))
print('斜边的长度为: {:.2f}'.format(_____))
```

(2) 程序填空:函数 circle_area 用于计算半径为 r 的圆的面积,默认的圆周率 P 为 3.14,在画线处将下列程序补充完整,使程序运行正确。

```
#定义函数
def circle_area(r,P=3.14):
    '''
    参数 r 为圆的半径,P 是圆周率,默认为 3.14,
    返回半径 r 对应的圆的面积。
    '''
```

```
        area = 0
        if r > 0:
                area = P * r ** 2
        return area

print("半径为{}时，圆的面积是{:.3f}".format(3, _____))
print("半径为{}、π 为 3.14 时，圆的面积是{:.3f}".format(3, _____))
```

(3) 程序填空：列表 list1 中保存了 5 名参赛选手的评委打分，每组有 6 位评委，请计算每组选手的得分。

计算规则：去掉最高分和最低分，剩下的计算平均分作为选手的最后得分。

其中，函数 zf 用来计算选手得分。

在画线处将下列程序补充完整，使程序运行正确。

```
def zf(ls):
        return (sum(ls)-max(ls)-min(ls))/(len(ls)-2)
list1=[ [7,8,7.5,8.3,8.2,7.8],
        [8,8.3,8.5,8.8,8.2,7.8],
        [9,8,7.5,8.3,8.2,8.8],
        [6,7,7.5,7.3,7.2,7.8],
        [8,9,9,8.8,9,10]]
for i in range(5):
        print("第{}名选手的得分是{:.1f}".format(i+1,zf(_____)))
```

(4) 程序填空：以下程序的功能是输入长方体的长、宽、高后，计算长方体的体积。在画线处将下列程序补充完整，使程序运行正确。

```
V=lambda _____
leg1,leg2,leg3=eval(input('输入长、宽、高，用逗号分隔：'))
print('体积为',V(leg1,leg2,leg3))
```

(5) 程序设计：编写函数 fun，功能是计算如下多项式。

$$s = 1 + x + \frac{x^2}{2!} + \frac{x^3}{3!} + \cdots + \frac{x^n}{n!}$$

(6) 程序设计：编写函数 fun，功能是求 n 以内(不包括 n)同时能被 3 与 7 整除的所有自然数之和的平方根 s，并作为函数值返回。

实验七 列表与元组

1. 实验目的

(1) 掌握列表、元组的定义和使用方法。

(2) 掌握列表、元组的常用操作。

(3) 学会使用列表编写程序。

2. 实验准备

(1) 阅读主教材第 5 章的有关内容。

(2) 了解实验内容。

3. 实验内容

(1) 程序填空：以下程序的功能是生成一个元素都是 26 个大写英文字母的列表。在画线处将下列程序补充完整，使程序运行正确。

```
ls=[ _____ for x in range(65,91) ]
print(ls)
```

(2) 程序填空：以下程序的功能是创建列表 ls，列表元素为随机生成的[1,100]区间的整数，初始个数为 20，然后删除列表中 3 的倍数，降序排列后输出(使用 random 库中的 randint(a,b)函数可以随机生成[a,b]区间的整数)。在画线处将下列程序补充完整，使程序运行正确。

```
import random
ls=[random.randint(1,100) _____ ]
print(ls)
for i in range(_____):
    if  ls[i] % 3==0:
        _____
ls. _____
print(ls)
```

(3) 程序设计：创建一个元素为 12 星座符号的列表并输出。

(4) 程序设计：下面的 psls 列表为学生的平时成绩，qmls 列表为学生的期末成绩，请按照平时成绩×20%+期末成绩×80%的规则为每位学生计算总成绩，期末成绩缺失的按旷考标注。

```
psls=[75,75,75,65,85,95,85,75,75,75,85,75,75,65,75]
qmls=[68,63,70,51,78,83,75,66,70,73,85,67,78,60,66]
```

实验八 字典与集合

1. 实验目的

(1) 掌握字典、集合的定义和使用方法。

(2) 掌握字典、集合的常用操作。

(3) 学会使用字典编写程序。

2. 实验准备

(1) 阅读主教材第 5 章的有关内容。

(2) 了解实验内容。

3. 实验内容

(1) 程序填空：以下程序的功能是通过输入生成大连民族大学学院与代码对应的字典

xydm，该字典以代码为键、以学院名称为值，最后输入－1以结束创建过程并输出字典 xydm 中的键-值对。在画线处将下列程序补充完整，使程序运行正确。

```
xydm={}
x=input("请输入学院代码：")
while _____ !=-1:
    y=input("请输入学院名称：")
    _____
    x=input("请输入学院代码：")
print('创建的字典内容是：')
for key,value in xydm.items():
    print(_____)
```

(2) 程序填空：以下程序的功能是统计字符串中每个字符出现的次数并将统计结果输出，字符串的内容为'The Python Software'。在画线处将下列程序补充完整，使程序运行正确。

```
z='The Python Software'
print("字符串：",z)
d= _____
for c in z:
    d[c]=d.get(_____)+1
print('每个字符出现的次数是：')
for key in d:
    print(key, _____)
```

(3) 程序填空：以下程序的功能是输入密码，然后判断并输出密码的强度。密码强度的判定标准如下。

弱密码：长度小于8位，全数字、全小写字母或全大写字母。

中密码：长度大于8位，包含数字、小写字母、大写字母中的任意两种。

强密码：长度大于或等于10位，包含数字、小写字母和大写字母。

在画线处将下列程序补充完整，使程序运行正确。

```
pw=input("请输入密码：")
pws=[0,0,0,0]          #列表元素分别表示密码长度、包含了密码中含有数字、大写字母、小写字母的情况
strength={5:'强',4:'中',3:'中等偏弱',2:'弱',1:'差'}

if 6<len(pw)<=8:
    pws[0]=1
elif _____ :
    pws[0]=2
for x in pw:
    if x.isdigit():
        pws[1]=1
    elif _____ :
        pws[2]=1
    elif x.islower() :
        pws[3]=1
n= _____
print('密码的强度为',strength[n])
```

(4) 编写程序：输入学生的学号，输出学生所属的年级和学院信息。

学号规则如下：入学年份(4 位)+学院代码(2 位)+专业代码(1 位)+班级代码(1 位)+序号(2 位)。

学院信息存储在字典 xydm 中：

```
xydm={'01':'经济管理学院','02':'机电学院','03':'生命科学院','04':'外国语学院',
      '05':'理学院','06':'文法学院','08':'计算机学院'}
```

实验九　文件与数据格式化

1. 实验目的

(1) 通过实验加深理解文本文件和二进制文件的概念和特点。

(2) 掌握文件的创建、读写和关闭方法。

(3) 熟悉 CSV 文件的处理方法。

(4) 了解 JSON 文件的处理方法。

2. 实验准备

(1) 阅读主教材第 6 章的有关内容。

(2) 了解实验内容。

3. 实验内容

(1) 程序填空：以下程序的功能是创建一个列表，列表元素是随机生成的两位正整数，元素个数为 20，将这些数字写入 0801.txt 文件中，一个数字占一行。在画线处将下列程序补充完整，使程序运行正确。

```
from random import *
ls=[_____     for i in range(20)]
fp=open('0801.txt',_____)
for i in range(20):
    fp.write(str(ls[i])+_____)
_____
```

(2) 程序填空：以下程序的功能是将文件 0801.txt 中的数据读入列表中，并在一行内以空格作为输出列表内容时的分隔符。在画线处将下列程序补充完整，使程序运行正确。

```
fp=_____
s=fp.read()
fp.close()
ls=_____
for item in ls:
    print(item,_____)
```

(3) 程序填空：文件 0803.csv 中存储的是用户名、手机号和验证码信息。以下程序的功能是从该文件中读取这些数据到 user 列表中，并按行输出列表信息，一行内的数据用逗号分隔(如图 1-2 所示)。在画线处将下列程序补充完整，使程序运行正确。

```
用户名,手机号,验证码
user1,1566918405,CvBIKn
user2,1595623107,ct6SZA
user3,1528402395,9HU4ZS
user4,1853861250,341bKD
user5,1459375684,mBnMYL
```

图 1-2　按行输出列表 user 中的内容

```
f = open(_____)
user = []
for line in f:
    user.append(line.strip('\n')._____)
f.close()
for item in user:
    print(_____)
```

(4) 编写程序：求 Fibonacci 数列的前 40 项，并将它们保存到文件 0604.txt 中。Fibonacci 数列如下：

$$1，1，2，3，5，8，13，21，\cdots$$

实验十　turtle 库的使用

1. 实验目的

(1) 掌握 Python 标准库的导入和使用方法。

(2) 能正确使用绘图库 turtle，掌握 turtle 常用的绘图方法。

(3) 使用 turtle 库编写程序。

2. 实验准备

(1) 阅读主教材第 7 章的有关内容。

(2) 了解实验内容。

3. 实验内容

(1) 程序填空：以下程序的功能是在坐标(100,-100)的位置绘制一个半径为 75 的圆。在画线处将下列程序补充完整，使程序运行正确。

```
import _____
t._____
t.goto(100,-100)
t.pendown()
t._____
```

(2) 程序填空：以下程序的功能是绘制如图 1-3 所示的图形。在画线处将下列程序补充完整，使程序运行正确。

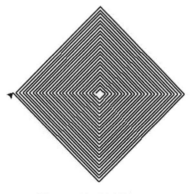

图 1-3　所要绘制的图形

```
pensize(2)
pencolor('blue')
seth(_____)
d=10
for i in range(100):
        fd(_____)
        right(_____)
```

(3) 程序设计：绘制五星红旗。

实验十一　random 库的使用

1. 实验目的

(1) 能正确使用 random 库，掌握 random 库的常用方法。

(2) 使用 random 库编写程序。

2. 实验准备

(1) 阅读主教材第 7 章的有关内容。

(2) 了解实验内容。

3. 实验内容

(1) 程序填空：以下程序的功能是在画布上的任意位置绘制随机数量的小花，其中的 flower 函数用于在当前位置绘制一朵小花。在画线处将下列程序补充完整，使程序运行正确。

```
import random
def flower():
        tracer(False)
        pensize(2)
        begin_fill()
        color("yellow")
        dot(60)                #中间圆点
```

```
        right(90)
        fd(30)                   #花瓣起点
        color("red")
        circle(15,231)
        for i in range(6):
            right(180)
            circle(15,231)
        end_fill()               #花瓣完成

n=random.randint(1,10)
Width=screensize()[0]        #获取画布的宽度
height=screensize()[1]       #获取画布的高度
for i in range(n):
    _____
    x=random.randint(_____,width)
    y=random.randint(_____,height)
    _____
    pendown()
```

(2) 程序填空：以下是某班级的元旦抽奖程序，三等奖 2 名，二等奖 1 名，一等奖 1 名，其中的 student 列表是学生名单。在画线处将下列程序补充完整，使程序运行正确。

```
import random
student=['王东','李明','马斌','张伟平','周红','孙小伟',
        '郑晓龙','赵平','吴铭','王芳','李红','刘明天',
        '张小武','李铭博','何伟']
print('三等奖获得者是：',end=' ')
for i in range(_____):
    n=random.randint(0, _____)
    print(student[n],end=' ')
    del student[n]
print()
print('二等奖获得者是：',end=' ')
n=random.randint(0, _____)
print(student[n])
_____
print('一等奖获得者是：',end=' ')
n=random.randint(0, _____)
print(student[n])
del student[n]
```

实验十二 第三方库

1. 实验目的

(1) 掌握 Python 中第三方库的安装和使用方法。

(2) 掌握 jieba 库的使用方法。

(3) 掌握 wordcloud 库的使用方法。

(4) 学会使用第三方库编写程序。

2. 实验准备

(1) 阅读主教材第 7 章的有关内容。
(2) 了解实验内容。

3. 实验内容

(1) 程序填空：文件 1201.txt 的内容为习近平总书记 2022 年新年贺词。以下程序的功能是利用 jieba 库对习近平总书记的新年贺词进行词频分析，并输出使用频率最高的 10 个词，其中不统计"地""的""得"和标点符号出现的频率。在画线处将下列程序补充完整，使程序运行正确。

```python
import jieba
fp= open('1201.txt','r')
text = fp.read()
fp.close()
words = jieba. _____

word_freq = {}
for word in words:
    if len(word) >1:
        word_freq[word] = _____ + 1

items = list(word_freq.items())
items.sort(key=lambda x: x[1],reverse=True)

for i in range(10):
    word,freq = _____
    print("{}:{}".format(word,freq))
```

(2) 程序设计：在上一题的基础上对分词结果进行分析并生成词云图。

实验十三　界面设计

1. 实验目的

(1) 通过实验了解 tkinter 图形用户界面设计的编程方法。
(2) 了解 tkinter 中各个组件的使用方法。
(3) 了解图形用户界面设计中事件编程的使用方法。

2. 实验准备

(1) 阅读主教材第 8 章的有关内容。
(2) 了解实验内容。

3. 实验内容

程序设计：设计图 1-4 所示的计算器界面。

图 1-4　计算器界面

实验十四　综合设计

1. 实验目的

(1) 通过实验了解较大程序的设计方法。

(2) 掌握结构化程序设计方法。

2. 实验准备

(1) 复习主教材各章的主要内容。

(2) 了解实验内容。

3. 实验内容

编写程序，统计《三国演义》小说中曹操、诸葛亮、刘备、关羽、张飞、赵云、孙权、周瑜、袁绍等角色的出场次数。

要求：

(1) 在进行统计时，角色的别称也应纳入统计范围。比如，曹操的别称有"孟德""丞相"等，刘备的别称有"玄德""皇叔"等。

(2) 将统计结果保存到文件中。

第2章　实验内容参考答案

实验一　熟悉 IDLE 集成开发环境

1) 略。

2) 选择交互窗口中的 File→New File 菜单命令，创建 Python 脚本文件并打开 Editor 窗口。

(1) 略。

(2) 减少了缩进，改变了程序结构。

(3) 增加了缩进，还原了程序结构，程序能够正常运行。

(4) 去掉了原有的注释符号，影响了程序的运行。

（5）恢复了注释符号，程序可以正常运行。

3）在打开指定位置的 Python 文件 test01-3.py 时，不能采用双击的方式，而应该选中 test01-3.py 文件，然后右击，从弹出的快捷菜单中选择 Edit with IDLE 命令。

实验二　数据类型

（1）程序填空：

```
x=int(input('输入一个整数'))
```

（2）程序填空：

```
第一处：x=int(input())
第二处：format(x,bin(x),oct(x),hex(x))
```

（3）程序填空：

```
"{}同学，你已被我校{}学院{}专业录取，请于{}年{}月{}日准时到我校报".format(student[0],student[1],
student[2], student[3][0:4],student[3][5],student[3][-1])
```

（4）已知直角三角形的两条直角边，编写程序，求斜边的长度并输出。

```
'''
已知直角三角形的两条直角边，编写程序，求斜边的长度并输出
'''
x,y=eval(input("输入两个直角边，以英文逗号分隔；"))
c=(x**2+y**2)**0.5
print("斜边的长度为",c)
```

运行结果：

```
输入两个直角边，以英文逗号分隔：3,4
斜边的长度为 5.0
```

（5）编写程序，求下列字符串中最长的英文单词。

A startup backed by the Japanese automaker has developed a test model that engineers hope will eventually develop into a tiny car with a driver who'll be able to light the Olympic torch in the 2020 Tokyo games.

```
'''求下列字符串中最长的英文单词'''
s="A startup backed by the Japanese automaker has developed \
a test model that engineers hope will eventually develop into a tiny\
car with a driver who'll be able to light the Olympic torch in the 2020 Tokyo games."
wordlst=s.split()
print(max(wordlst,key=len))
```

运行结果：

```
eventually
```

(6) 编写程序，计算下面这组成绩的总分、平均分、最高分和最低分。

42, 85, 84, 91, 97, 73, 72, 60, 84, 79, 69, 57, 48, 88, 86, 97, 90, 86, 81

```
'''计算下面这组成绩的总分、平均分、最高分和最低分'''
score=[42, 85, 84, 91, 97, 73, 72, 60, 84, 79, 69, 57, 48, 88, 86, 97, 90, 86, 81]
a,b,c=sum(score),max(score),min(score)
d=a/len(score)
print("总分：{}。平均分：{:.2f}。最高分：{}。最低分：{}。".format(a,d,b,c))
```

运行结果：

```
总分：1469。平均分：77.32。最高分：97。最低分：42。
```

实验三 运算符和表达式

(1) 程序填空：

```
第一处：x//10
第二处：x%10
```

(2) 程序填空：

```
第一处：eval
第二处：eval
第三处：((x1-x2)**2+(y1-y2)**2)**0.5
第四处：x1,y1,x2,y2,p
```

(3) 编写程序：输入一个 3 位的正整数，输出其各位数字的立方之和。例如，当输入 312 时，输出 36。

```
'''
输入一个 3 位的正整数，输出其各位数字的立方之和
'''
num=int(input())
a,b,c=num//100,num%100//10,num%10
print('{}的各位数字的立方之和为{}'.format(num,a**3+b**3+c**3))
```

运行结果：

```
321
321 的各位数字的立方之和为 36
```

(4) 编写程序：输入一个字符串和一个英文字母，统计这个英文字母在字符串中出现的次数，注意不区分大小写。

```
'''
输入一个字符串和一个英文字母，统计这个英文字母在字符串中出现的次数，注意不区分大小写'''
s=input('输入一个字符串：')
c=input('输入一个英文字母：')
s1,c1=s.lower(),c.lower()
```

```
num=s1.count(c1)
print('字母{}出现的次数是{}'.format(c,num))
```

运行结果：

```
输入一个字符串：this is a duck
输入一个英文字母：s
字母 s 出现的次数是 2
```

实验四　选择结构

(1) 程序填空：

```
第一处：random
第二处：random
第三处：x%2==1
第四处：else
```

(2) 程序填空：

```
第一处：score<0 or score>100
第二处：score>=90
第三处：score>=80
第四处：score>=70;
第五处：score>=60
第六处：else
```

(3) 编写程序：要求使用 if 语句，输入 x 后按下式计算 y 值并输出。

$$y = \begin{cases} x^2 + 10 & 0 \leqslant x \leqslant 8 \\ x^3 - 10 & x<0或x>8 \end{cases}$$

```
"""
输入 x 后按下式计算 y 值并输出
"""
x=eval(input("输入 x 的值："))
if 0<=x<=8:
    y=x**2+10
else:
    y=x**3-10
print("y 的值是：",y)
```

运行结果：

```
输入 x 的值：4
y 的值是：26
```

(4) 编写程序：从键盘输入一个字符，如果是数字字符，则输出"这是一个数字字符"；如果是 26 个英文大写字母之一，则输出"这是一个大写英文字母"；如果是 26 个英文小写字母之一，则输出"这是一个小写英文字母"；否则，输出"这是其他字符"。

```
c=input("输入一个字符: ")
if c.isupper():
    print("这是一个大写英文字母")
elif c.islower():
    print('这是一个小写英文字母')
elif c.isnumeric():
    print('这是一个数字字符')
else:
    print('这是其他字符')
```

运行结果:

```
输入一个字符: A
这是一个大写英文字母
```

实验五　循环结构

(1) 程序填空:

```
第一处: 1,101
第二处: i%2==1
第三处: s1,s2
```

(2) 程序填空:

```
第一处: x
第二处: 10
```

(3) 编写程序:计算 1!+2!+3!+…+10!(分别使用循环嵌套和 math 库中的 factorial 函数来求解)。

```
方法一: '''
计算 1! +2! +3! + … +10! 。'''
s=0
for i in range(1,11):
    p=1
    for j in range(1,i+1):
        p *= j
    s += p
print(s)
```

运行结果为 4 037 913。

```
方法二: '''
计算 1! +2! +3! + … +10! 。'''
import math
s=0
for i in range(1,11):
    s += math.factorial(i)
print(s)
```

运行结果为 4 037 913。

(4) 编写程序：计算 Fibonacci 数列的第 40 项。Fibonacci 数列如下：

1，1，2，3，5，8，13，21，⋯

Fibonacci 数列的特点是：前两项都是 1，从第 3 项开始，后面的每一项都是前两项之和。

```
'''
计算 Fibonacci 数列的第 40 项。'''
a=b=1
for i in range(3,41):
    c=a+b
    a,b=b,c
print(c)
```

运行结果为 102 334 155。

实验六　函数

(1) 程序填空：

```
第一处：(x**2+y**2)**0.5
第二处：fun(leg1,leg2)
```

(2) 程序填空：

```
第一处：circle_area(3)
第二处：circle_area(3,3.1415926)
```

(3) 程序填空：

```
list1[i]
```

(4) 程序填空：

```
x,y,z:x*y*z
```

(5) 程序设计：编写函数 fun，功能是计算如下多项式。

$$s = 1 + x + \frac{x^2}{2!} + \frac{x^3}{3!} + \cdots + \frac{x^n}{n!}$$

```
#编写函数 fun，计算多项式
def factorial(n):
    s=1
    for i in range(1,n+1):
        s *= i
    return s
def fun(x,n):
    s=1
    for i in range(1,n+1):
        s += x ** i/factorial(i)
    return s
```

```
x,n=eval(input('输入两个数，用英文逗号分隔：'))
print('结果为',fun(x,n))
```

运行结果：

```
输入两个数，用英文逗号分隔：2,4
结果为7.0
```

(6) 程序设计：编写函数 fun，功能是求 n 以内(不包括 n)同时能被 3 与 7 整除的所有自然数之和的平方根 s，并作为函数值返回。

```
#编写函数 fun,求 n 以内(不包括 n)同时能被 3 与 7 整除的所有自然数之和的平方根 s,并作为函数值返回。
def fun(n):
    s=0
    for i in range(1,n):
        if i %3 ==0 and i%7 ==0:
            s+= i
    return s
n=eval(input('输入 n：'))
print('结果为',fun(n))
```

运行结果：

```
输入 n：56
结果为63
```

实验七 列表与元组

(1) 程序填空：

```
chr(x)
```

(2) 程序填空：

```
第一处： for i in range(20)
第二处： len(ls)-1,0,-1
第三处： del ls[i]
第四处： sort(reverse=False)
```

(3) 程序设计：创建一个元素为 12 星座符号的列表并输出。

```
ls=[chr(9800+i) for i in range(1,13) ]
print(ls)
```

运行结果：

```
['♈', '♉', '♊', '♋', '♌', '♍', '♎', '♏', '♐', '♑', '♒', '♓', '♔']
```

(4) 程序设计：下面的 psls 列表为学生的平时成绩，qmls 列表为学生的期末成绩，请按照平时成绩×20%+期末成绩×80%的规则为每位学生计算总成绩，期末成绩缺失的按旷考标注。

```
psls=[75,75,75,65,85,95,85,75,75,75,85,75,75,65,75]
qmls=[68,63,70,51,78,83,75,66,70,73,85,67,78,60,66]
zcj=[x*0.2+y*0.8 for x,y in zip(psls,qmls)]
print(zcj)
```

实验八　字典与集合

(1) 程序填空：

```
第一处：int(x)
第二处：xydm[x]=y
第三处：key,value,sep=":"
```

(2) 程序填空：

```
第一处：{}
第二处：c,0
第三处：d[key]
```

(3) 程序填空：

```
第一处：len(pw)>=10
第二处：x.isupper()
第三处：sum(pws)
```

(4) 编写程序：输入学生的学号，输出学生所属的年级和学院信息。

学号规则如下：入学年份(4 位)+学院代码(2 位)+专业代码(1 位)+班级代码(1 位)+序号(2 位)。

学院信息存储在字典 xydm 中：

xydm={'01':'经济管理学院','02':'机电学院','03':'生命科学院','04':'外国语学院',
　　　'05':'理学院','06':'文法学院','08':'计算机学院'}

```
stuno=input('输入学号：')
grad=stuno[:4]
dm=stuno[4:6]
xy=xydm.get(dm)
if xy:
    print("年级{}，所属学院是{}".format(grad,xy))
```

运行结果：

```
输入学号：2020012210
年级 2020，所属学院是经济管理学院
```

实验九　文件与数据格式化

(1) 程序填空：

```
第一处：randint(10,99)
第二处：'w'
第三处：'\n'
第四处：fp.close()
```

(2) 程序填空：

```
第一处：open('0801.txt','r')
第二处：s.split('\n')
第三处：end=' '
```

(3) 程序填空：

```
第一处：open('0803.csv','r')
第二处：split(',')
第三处：item,sep=','
```

(4) 编写程序：求 Fibonacci 数列的前 40 项，并将它们保存到 0604.txt 文件中。Fibonacci
数列如下：

1，1，2，3，5，8，13，21，…

```
f = open('0804.txt','w')
a=b=1
for i in range(3,41):
    c=a+b
    a,b=b,c
    f.write(str(c)+'\n')
    print(c)
f.close()
```

实验十　　turtle 库的使用

(1) 程序填空：

```
第一处：turtle as t
第二处：penup()
第三处：circle(75)
```

(2) 程序填空：

```
第一处：from turtle import *
第二处：45
第三处：d+i*2
第四处：90
```

(3) 程序设计：
(略)

实验十一　　random 库的使用

(1) 程序填空：

```
第一处：from turtle import *
```

第二处：penup()
第三处：-width
第四处：-height
第五处：goto(x,y)
第六处：flower()

(2) 程序填空：

第一处：2
第二处：len(student)-1
第三处：len(student)-1
第四处：del student[n]
第五处：len(student)-1

实验十二　第三方库

(1) 程序填空：

第一处：lcut(text)
第二处：word_freq.get(word,0)
第三处：item[i]

(2) 程序设计：在上一题的基础上对分词结果进行分析并生成词云图。

```
import jieba
import wordcloud
fp= open(1201.txt','r')
text = fp.read()
fp.close()words = jieba. lcut(text)
txt=' 'join(words)
w=wordcloud.WordCloud()
w.generate(text)
w.to_file('test1202.jpg')
```

实验十三　界面设计

程序设计：设计图 2-1 所示的计算器界面。

图 2-1　计算器界面

```
from tkinter import *
root = Tk()
#200x200 代表初始化窗口的大小，后面的两个 280 代表在进行初始化时窗口所在的位置
root.geometry('200x200+280+280')
root.title('计算器示例')
#Grid(网格)布局
L1 = Button(root, text='1', width=5)
L2 = Button(root, text='2', width=5)
L3 = Button(root, text='3', width=5)
L4 = Button(root, text='4', width=5)
L5 = Button(root, text='5', width=5)
L6 = Button(root, text='6', width=5)
L7 = Button(root, text='7', width=5)
L8 = Button(root, text='8', width=5)
L9 = Button(root, text='9', width=5)
L0 = Button(root, text='0')
Lp = Button(root, text='.')
L11=Button(root,text='+')
L12=Button(root,text='-')
L13=Button(root,text='*')
L14=Button(root,text='/')
L15=Button(root,text='=')
L1.grid(row=0, column=0)
L2.grid(row=0, column=1)
L3.grid(row=0, column=2)
L11.grid(row=0, column=3, sticky=E+W)
L4.grid(row=1, column=0)
L5.grid(row=1, column=1)
L6.grid(row=1, column=2)
L12.grid(row=1, column=3, sticky=E+W)
L7.grid(row=2, column=0)
L8.grid(row=2, column=1)
L9.grid(row=2, column=2)
L13.grid(row=2, column=3, sticky=E+W)
L0.grid(row=3, column=0, sticky=E+W)      #跨两行，左右贴紧
Lp.grid(row=3, column=1, sticky=E+W)      #左右贴紧
L15.grid(row=3, column=2, sticky=E+W)
L14.grid(row=3, column=3, sticky=E+W)
e1 = Entry(root)
e1.grid(row=4,column=0,columnspan=4)
root.mainloop()
```

实验十四　综合设计

编写程序，统计《三国演义》小说中曹操、诸葛亮、刘备、关羽、张飞、赵云、孙权、周

瑜、袁绍等角色的出场次数。

要求：

(1) 在进行统计时，角色的别称也应纳入统计范围。比如，曹操的别称有"孟德""丞相"等，刘备的别称有"玄德""皇叔"等。

(2) 将统计结果保存到文件中。

```python
import jieba
txt = open("三国演义.txt", "r", encoding='utf-8').read()
names = ['曹操','诸葛亮','刘备','关羽','张飞','赵云','孙权','周瑜','袁绍']
words = jieba.lcut(txt)
counts = {}
for word in words:
    if len(word) == 1:
        continue
    elif word == "孔明" or word == "孔明曰":
        rword = "诸葛亮"
    elif word == "关公" or word == "云长":
        rword = "关羽"
    elif word == "玄德" or word == "玄德曰":
        rword = "刘备"
    elif word == "孟德" or word == "丞相" or word == "操曰":
        rword = "曹操"
    else:
        rword = word
    counts[rword] = counts.get(rword,0) + 1
items = list(counts.items())
items.sort(key=lambda x:x[1], reverse=True)
#输出角色的出场次数，保存到文件中
f=open(("出场统计.txt", "w")
for i in range(40):
    word, count = items[i]
    if word in names:
        print ("{0:<10}{1:>5}".format(word, count))
        f.write("{}:{}\n".format(word, count))
f.close()
```

第二篇

全国计算机等级考试二级 Python介绍

第1章　全国计算机等级考试大纲

1.1　全国计算机等级考试(二级 Python)考试大纲

◆ 基本要求

1. 掌握 Python 语言的基本语法规则。
2. 掌握不少于 2 个基本的 Python 标准库。
3. 掌握不少于 2 个 Python 第三方库，掌握获取并安装第三方库的方法。
4. 能够阅读和分析 Python 程序。
5. 熟练使用 IDLE 开发环境，能够将脚本程序转换为可执行程序。
6. 了解 Python 计算生态在以下方面(不限于)的主要第三方库名称：网络爬虫、数据分析、数据可视化、机器学习、Web 开发等。

◆ 考试内容

一、Python 语言基本语法元素

1. 程序的基本语法元素：程序的格式框架、缩进、注释、变量、命名、保留字、数据类型、赋值语句、引用。
2. 基本输入输出函数：input()、eval()、print()。
3. 源程序的书写风格。
4. Python 语言的特点。

二、基本数据类型

1. 数字类型：整数类型、浮点数类型和复数类型。
2. 数字类型的运算：数值运算操作符、数值运算函数。

3. 字符串类型及格式化：索引、切片、基本的 format()格式化方法。

4. 字符串类型的操作：字符串操作符、处理函数和处理方法。

5. 类型判断和类型间转换。

三、程序的控制结构

1. 程序的三种控制结构。

2. 程序的分支结构：单分支结构、二分支结构、多分支结构。

3. 程序的循环结构：遍历循环、无限循环、break 和 continue 循环控制。

4. 程序的异常处理：try-except。

四、函数和代码复用

1. 函数的定义和使用。

2. 函数的参数传递：可选参数传递、参数名称传递、函数的返回值。

3. 变量的作用域：局部变量和全局变量。

五、组合数据类型

1. 组合数据类型的基本概念。

2. 列表类型：定义、索引、切片。

3. 列表类型的操作：列表的操作函数、列表的操作方法。

4. 字典类型：定义、索引。

5. 字典类型的操作：字典的操作函数、字典的操作方法。

六、文件和数据格式化

1. 文件的使用：文件的打开、读写和关闭。

2. 数据组织的维度：一维数据和二维数据。

3. 一维数据的处理：表示、存储和处理。

4. 二维数据的处理：表示、存储和处理。

5. 采用 CSV 格式对一二维数据文件的读写。

七、Python 计算生态

1. 标准库：turtle 库(必选)、random 库(必选)、time 库(可选)。

2. 基本的 Python 内置函数。

3. 第三方库的获取和安装。

3. 脚本程序转换为可执行程序的第三方库：PyInstaller 库(必选)。

4. 第三方：jieba 库(必选)、wordcloud 库(可选)。

5. 更广泛的 Python 计算生态，只要求了解第三方库的名称，不限于以下领域：网络爬虫、数据分析、文本处理、数据可视化、用户图形界面、机器学习、Web 开发、游戏开发等。

◆ 考试方式

上机考试，考试时长 120 分钟，满分 100 分。

1. 题型及分值

单项选择题 40 分(含公共基础知识部分 10 分)。

操作题 60 分(包括基本编程题和综合编程题)。

2. 考试环境

Windows 操作系统，建议 Python 3.4.2 至 Python 3.5.3 版本，IDLE 开发环境。

1.2　全国计算机等级考试(二级公共基础)考试大纲

◆ 基本要求

1. 掌握计算机系统的基本概念，理解计算机硬件系统和计算机操作系统。

2. 掌握算法的基本概念。

3. 掌握基本数据结构及其操作。

4. 掌握基本排序和查找算法。

5. 掌握逐步求精的结构化程序设计方法。

6. 掌握软件工程的基本方法，具有初步应用相关技术进行软件开发的能力。

7. 掌握数据库的基本知识，了解关系数据库的设计。

◆ 考试内容

一、计算机系统

1. 掌握计算机系统的结构。

2. 掌握计算机硬件系统结构，包括 CPU 的功能和组成、存储器的分层体系、总线和外部设备。

3. 掌握操作系统的基本组成，包括进程管理、内存管理、目录和文件系统、I/O 设备管理。

二、基本数据结构与算法

1. 算法的基本概念；算法复杂度的概念和意义(时间复杂度与空间复杂度)。

2. 数据结构的定义；数据的逻辑结构与存储结构；数据结构的图形表示；线性结构与非线性结构的概念。

3. 线性表的定义；线性表的顺序存储结构及其插入与删除运算。

4. 栈和队列的定义；栈和队列的顺序存储结构及其基本运算。

5. 线性单链表、双向链表与循环链表的结构及其基本运算。

6. 树的基本概念；二叉树的定义及其存储结构；二叉树的前序、中序和后序遍历。

7. 顺序查找与二分法查找算法；基本排序算法(交换类排序、选择类排序、插入类排序)。

三、程序设计基础

1. 程序设计方法与风格。

2. 结构化程序设计。

3. 面向对象的程序设计方法、对象、方法、属性、继承与多态性。

四、软件工程基础

1. 软件工程的基本概念，软件生命周期的概念，软件工具与软件开发环境。
2. 结构化分析方法，数据流图，数据字典，软件需求规格说明书。
3. 结构化设计方法，总体设计与详细设计。
4. 软件测试的方法，白盒测试与黑盒测试，测试用例设计，软件测试的实施，单元测试、集成测试和系统测试。
5. 程序的调试，静态调试与动态调试。

五、数据库设计基础

1. 数据库的基本概念：数据库，数据库管理系统，数据库系统。
2. 数据模型，实体联系模型及 E-R 图，从 E-R 图导出关系数据模型。
3. 关系代数运算，包括集合运算及选择、投影、连接运算，数据库的规范化理论。
4. 数据库的设计方法和步骤：需求分析、概念设计、逻辑设计和物理设计的相关策略。

第2章　计算机系统

在现代生活中，计算机技术已渗透到社会生活的各个领域，与我们的生活和工作密不可分。本章将简单介绍计算机系统的组成以及硬件系统与软件系统的基本知识。

2.1　概述

2.1.1　计算机的发展历程

从第一台电子计算机 ENIAC(1946 年)问世到现在，计算机的发展大致经历了四个阶段：第一阶段的电子管计算机时代(1945—1956 年)；第二阶段的晶体管计算机时代(1956—1963 年)；第三阶段的集成电路计算机时代(1964—1971 年)；第四阶段的超大规模集成电路计算机时代(1971 年到现在)。

2.1.2　计算机的体系结构

在研制第一台电子计算机 ENIAC 时，以美籍匈牙利科学家冯·诺依曼为首的团队提出了"存储程序控制"的计算机体系结构，它可以概括为以下几点：

(1) 计算机硬件由运算器、控制器、存储器、输入设备和输出设备五大部分组成。
(2) 计算机处理的数据和指令一律用二进制数表示。
(3) 程序和数据存放在存储器中，并按地址寻访。

这就是"存储程序控制"思想的基本含义，冯·诺依曼型计算机体系结构如图 2-1 所示，图中的实线为数据流、虚线为控制流。

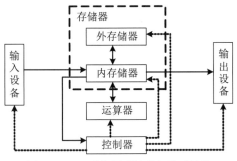

图 2-1　冯·诺依曼型计算机体系结构

计算机发展到现在，绝大部分计算机的结构原理都建立在存储程序控制的基础上。随着技术的不断发展，目前出现了一些脱离了冯·诺依曼型计算机体系结构原有模式的计算机，如并行计算机、数据驱动的数据流计算机等。

2.1.3　计算机系统的组成

完整的计算机系统包括硬件系统和软件系统两部分，如图 2-2 所示。组成一台计算机的物理设备的总称是计算机硬件系统，它是计算机工作的基础。指挥计算机工作的各种程序的集合称为计算机软件系统，它是计算机的灵魂，是控制和操作计算机工作的核心。计算机在工作时需要软硬件协同工作，二者缺一不可。

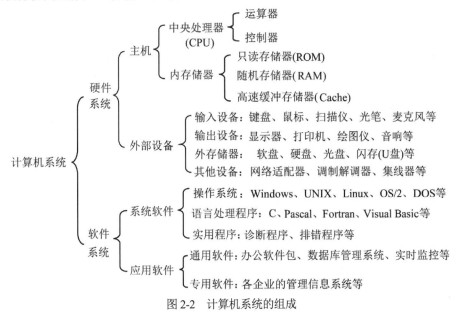

图 2-2　计算机系统的组成

2.2 计算机硬件系统

早期的冯·诺依曼型计算机以运算器为中心，现在的计算机以存储器为中心。计算机硬件系统主要包括中央处理器、存储器和各种输入输出设备，所有这些设备可通过总线连接到一起，计算机的运算速度、存储容量、计算精度等在很大程度上取决于硬件的配置。下面简单介绍计算机的几个基本组成部分。

1. 中央处理器

中央处理器由运算器和控制器两个部件组成。运算器的主要功能是进行算术运算和逻辑运算。控制器是计算机的神经中枢和指挥中心，负责对程序指令进行分析，向其他部件发出控制信号，指挥计算机各部件协同工作。

2. 存储器

存储器的主要功能是存放程序和数据。存储器通常分为内存储器和外存储器(简称外存)。

3. 输入设备

输入设备用来接收用户输入的原始数据和程序，并将它们转换为计算机可以识别的形式(二进制代码)，然后存放到内存中。

4. 输出设备

输出设备用于将存放在内存中的计算机处理结果转换为人们所能接受的形式。

2.2.1 中央处理器

中央处理器简称 CPU(Central Processing Unit)，它是计算机系统的核心。CPU 包含了运算器和控制器，它们都含有寄存器和高速存储区域，并通过总线连接起来。

1. 运算器

运算器的主要功能是进行算术运算和逻辑运算。计算机中最主要的工作就是运算，大量的数据运算任务是在运算器中进行的。

运算器又称算术逻辑单元(Arithmetic and Logic Unit，ALU)。

在计算机中，算术运算是指加、减、乘、除等基本运算。逻辑运算是指逻辑判断、关系比较以及其他的基本逻辑运算，如与、或、非等。

2. 控制器

控制器是计算机的神经中枢和指挥中心，正是在控制器的控制之下，整个计算机才能有条不紊地工作，自动执行程序。控制器的功能是依次从存储器取出指令、翻译指令、分析指令，向其他部件发出控制信号，指挥计算机各部件协同工作。

3. 寄存器

控制器和运算器中都有寄存器，作为 CPU 中特殊的高速存储区域，寄存器可以在处理过程中临时存储数据。它们既可以在控制器分析指令时存储程序指令，又可以在运算器处理计算时存储数据和计算结果。

在 CPU 中，寄存器的数量和大小(位数)可以决定 CPU 的性能和速度。例如，32 位的 CPU 是指 CPU 中寄存器的位数是 32 位，这种 CPU 能够一次并行处理 32 位的数据。寄存器的种类包含指令寄存器(IR)、地址寄存器、存储寄存器和累加寄存器(ACC)。

4. 总线

总线是 CPU 内部在 CPU 和主板的其他部件之间传输数据的电子线路。形象地说，总线就像一条多车道的高速公路，车道越多，数据传输越快。早期的 CPU 是 16 位总线，只有 16 条通道；而 64 位的总线有 64 条通道，处理数据的能力是 16 位总线的 4 倍。Intel 的酷睿 i7 芯片是 64 位处理器，一些高性能计算机的处理器则是 128 位的。

CPU 品质的高低直接决定了计算机系统的性能，而 CPU 的性能指标主要包括字长与主频。字长是 CPU 一次能并行处理的二进制位数，字长总是 8 的整数倍，个人计算机的字长通常为 16 位(早期)、32 位或 64 位。主频就是 CPU 的时钟频率，计算机中的操作将在时钟信号的控制下分步执行，每个时钟信号周期完成一步操作，时钟频率的高低在很大程度上反映了 CPU 速度的快慢。

2.2.2 计算机的基本工作原理

1. 计算机指令的结构

计算机指令是指能够被机器识别的二进制代码，一条指令实际上包括两种信息——操作码和地址码，结构如图 2-3 所示。

操作码	操作数(地址码)

图 2-3　计算机指令的结构

其中，操作码用来表示指令所要完成的操作(如加、减、乘、除、数据传送等)，不同指令的操作码是不同的，操作码的二进制位数决定了计算机最多能够拥有的指令条数。假如在某种类型计算机的指令中，操作码占 k 个二进制位，那么此类计算机最多可以有 2^k 条指令。

指令中的地址码用来描述指令的操作对象，可直接给出操作数，也可指出操作数的存储器地址或寄存器地址(即寄存器名)。在大多数情况下，指令中给出的操作数一般是存放数据的地址，而不是数据本身，甚至一些指令只能给出地址，例如，对于转移指令，除了给出操作码，还需要给出转移到的具体位置，这种情况下只能给出地址。因此，指令中的操作数一般又称为地址码。

不同的计算机指令占用的字节数也是不同的。只占 1 字节的指令称为单字节指令，占 2 字节的指令称为双字节指令。一般来说，如果一条指令占 n 字节，就称这条指令为 n 字节指令。

2. 计算机指令的寻址方式

寻址方式是指用来确定本条指令的数据地址以及下一条将要执行的指令所在地址的方法。寻址方式分为两类：指令寻址方式和数据寻址方式。指令寻址方式有顺序寻址方式、跳跃寻址方式两种。常见的数据寻址方式有直接寻址(在指令格式的地址字段中直接指出操作数在内存中的地址)、隐含寻址(在指令中隐含操作数的地址)、立即寻址(指令的地址字段指出的不是操作数的地址，而是操作数本身)等。

3. 计算机指令系统

计算机中所有指令的集合叫作计算机指令系统。不同类型的计算机，其指令系统(所包含指令的条数以及指令中的操作码和地址码)是不同的。但不管是哪种指令系统，常见指令的功能都差不多，指令可以划分为以下几种。

- 数据处理指令：对数据进行处理，包括算术运算指令、逻辑运算指令、移位指令、比较指令等。
- 数据传送指令：将数据在寄存器之间以及寄存器与主存储器之间进行传送。
- 程序控制指令：控制程序里指令的执行顺序，包括条件转移指令、无条件转移指令、转子程序指令等。
- 输入输出指令：实现主机与外部设备间数据的传输。
- 其他指令：包括用于实现存储保护、中断处理等功能的管理指令。

4. 计算机执行指令的基本过程

程序是指令的集合，当执行程序时，就需要将程序中的指令一条条送进 CPU 以执行。CPU 中的寄存器 PC(也叫程序计数器)用来存放指令所在的内存单元地址，它决定了指令的执行顺序。

计算机执行指令的基本过程可分为以下四个步骤。

① 取指令：根据程序计数器中的值从程序存储器读取现有指令，送到指令寄存器。

② 分析指令：将指令寄存器中的指令操作码取出后进行译码，将指令操作码转换成相应的控制信息，并根据地址码确定操作数的存放地址。

③ 执行指令：完成指令规定的各种操作，实现指令的功能。比如，对操作数完成指令所要求的操作，并将操作结果存放到指令指定的地方。

④ 修改程序计数器：一条指令执行完毕后，修改程序计数器的值。如果当前执行的指令不跳转，则将程序计数器加 n(n 为一条指令占用的字节数)；如果当前指令是跳转指令，则将跳转的地址送入程序计数器，返回步骤①。

计算机执行程序的过程实际上就是逐条指令地重复上述步骤。

计算机完成一条指令所花费的时间称为指令周期。指令周期越短，执行速度越快。

5. 指令执行的时序

计算机的时间控制称为时序。指令系统中每条指令的操作均由一个微操作序列完成，这些微操作是在 CPU 控制信号的控制下执行的。换言之，指令的执行过程是按时间顺序进行的，因而计算机的工作过程也是按时间顺序进行的。时序系统的功能是为指令的执行提供各种操作定时信号。

在计算机中，为了便于管理，通常把一条指令的执行过程划分为若干阶段(如取指令、存储器读、存储器写等)，每一阶段负责完成一项工作(称为一个基本操作)。完成一个基本操作所需的时间称为机器周期。

指令周期是执行一条指令所需的时间，即 CPU 从内存取出一条指令并执行这条指令的时间总和，一般由若干机器周期组成，包含了从取指令、分析指令到执行指令所需的全部时间。指令不同，所需的机器周期数也不同。对于一些简单的单字节指令，在取指令阶段，指令在取出到指令寄存器后，立即进行译码，不再需要其他的机器周期。对于一些比较复杂的指令，如转移指令、乘法指令，则需要两个或两个以上的机器周期。通常，包含一个机器周期的指令称为单周期指令，包含两个机器周期的指令称为双周期指令。

2.2.3　存储器

在以存储器为中心的现代计算机系统中，存储器的性能已经成为影响整个系统最大吞吐量的决定性因素。存储器有多种分类方式：按存储介质可分为半导体存储器、磁表面存储器和光盘存储器等；按存取方式可分为随机存储器(RAM)、只读存储器(ROM)和串行访问存储器；按存储器在计算机系统中的作用可分为主存储器(主存)、辅助存储器(辅存)、高速缓冲存储器(简称缓存)和闪速存储器等，如图 2-4 所示。存储器中最重要的是主存，它一般采用半导体器件，与辅存相比具有速度快、容量小、价格高等特点。

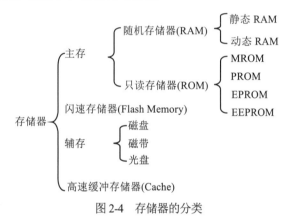

图 2-4　存储器的分类

1. 随机存储器

1）静态存储单元

静态存储单元(Static RAM / SRAM)的每个存储位由 4~6 个晶体管组成，保存的信息比较稳定，具有结构简单、可靠性高、速度快等特点，是目前读写速度最快的存储设备。但由于所用的元件较多，功耗大，因此集成度不高。

2）动态存储单元

动态存储单元(Dynamic RAM / DRAM)的特点是根据电容存储电荷的原理来保存信息，保留数据的时间很短，为了保证数据不丢失，必须在每 2 ms 之内对存储单元进行一次恢复操作。与 SRAM 相比，DRAM 具有集成度高、功耗低等特点，使用范围广，目前市面上主流的计算机内存就是 DRAM。

2. 只读存储器

随机存储器通常在掉电之后就会丢失数据，但只读存储器(ROM)在系统停止供电后仍然可以保持数据。根据半导体制造工艺的不同，只读存储器可以分为可编程的只读存储器(PROM)、掩膜式只读存储器(MROM)、可擦除且可编程的只读存储器(EPROM)、可电子擦除且可编程的只读存储器(EEPROM)等。

3. 闪速存储器

闪速存储器简称闪存，它是在 EEPROM 的基础上发展而来的。闪存与 EEPROM 相比，除了具有价格便宜、集成度高、可擦除、可重写等特点，速度也比 EEPROM 快。另外，与磁盘相比，闪存还具有体积小、抗振、节能、容量大等优点，并因此作为便携式存储而被广泛应用。

4. 高速缓冲存储器

在计算机技术的发展过程中，主存的存取速度一直比 CPU 的速度慢得多，这导致 CPU 的高速处理能力得不到充分发挥，整个计算机系统的工作效率受到影响。有很多方法可用来缓和 CPU 和主存之间速度不匹配的矛盾，如采用多个通用寄存器、进行多存储体交叉存取等。在存储层次上，采用高速缓冲存储器(Cache)是常用的方法之一。

Cache 是存在于主存与 CPU 之间的存储器，由静态存储单元(SRAM)组成，容量比较小，但速度比主存高得多，接近于 CPU 的速度，价格较高，其工作原理是把主存中被频繁访问的活跃程序块和数据块复制到 Cache 中。由于程序访问的局部性原理，大多数情况下，CPU 可以直接从 Cache 中取得指令和数据，而不必访问主存。为了方便 Cache 和主存交换信息，Cache 和主存空间都被划分为相等的块。在 CPU 执行程序的过程中，当需要从主存取指令或写数据时，会先检查 Cache 中有没有要访问的信息块。如果有的话，就直接在 Cache 中读写，而不用再访问主存；否则，就从主存中把当前访问信息所在的块复制到 Cache 中。我们通常将前一种情况称为缓存命中，而将后一种情况称为缓存未命中。Cache 最重要的技术指标是命中率。命中率与 Cache 的容量和块长有关。

5. 存储器的层次结构

存储器的 3 个主要性能指标是速度、容量、价格。一般来说，速度越快，容量越大，价格越高。层次化的存储可以将上面诸多存储器结合起来，在相对合理的价格下得到最优的性能。计算机存储系统的层次结构主要体现在缓存-主存、主存-辅存这两个存储层次上，如图2-5 所示。

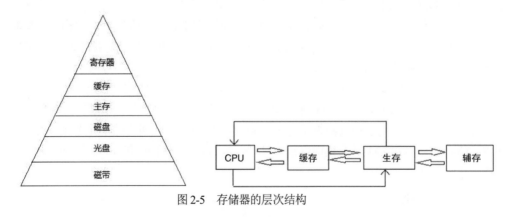

图 2-5　存储器的层次结构

2.2.4　数据在计算机中的表示

1. 进位计数制及其互相转换

数制是指使用一组固定的数码符号和统一的规则来表示数值的方法，也称为计数制。基数是指计数制中所需的数字字符的个数，位权(也叫权)是指一个数字在某个位置上代表的值。将数 X 记为 r 进制的形式 $(a_{n-1}a_{n-2}\cdots a_0 \bullet a_{-1}\cdots a_{-m})$，整数部分有 n 位，小数部分有 m 位，X 的值为

$$X = a_{n-1}r^{n-1} + a_{n-2}r^{n-2} + \cdots + a_{-m}r^{-m}$$

计算机中常用的计数制有二进制、八进制和十六进制。我们日常使用的是十进制，关于这些进制的相互转换方法，读者可以参考主教材的第 1 章，这里不再具体介绍。

计算机中处理的数据可分为数值型和非数值型两类。由于计算机采用二进制，因此所有数据信息在计算机内部都必须以二进制编码的形式表示。也就是说，一切输入计算机中的数据都是由 0 和 1 两个数字组合而成的。对于数值型数据来说，有正有负，数学中分别用符号+和 − 来表示正数和负数；但在计算机中，数的正负也要用 0 和 1 来表示。

2. 定点数的表示

计算机中的定点数分为无符号数和有符号数，表示的范围与计算机的位数有关。在计算机中，有符号数常用原码、反码和补码 3 种方式表示，这主要是为了解决减法运算的问题。任何正数的原码、反码和补码形式都完全相同，负数则使用不同的原码、反码和补码形式。

1) 无符号数的表示

无符号数是指非负整数，机器字长的全部位数都可以用来表示数值的大小，字长为 n 位的无符号数的表示范围是 $0\sim 2^n - 1$。

2) 有符号数的表示

有符号数的符号位则被数码化，一般规定二进制的最高位为符号位，正数的符号位用 0 表示，负数的符号位用 1 表示。这种被数码化的数称为机器数。

根据符号位和数值位编码方式的不同，机器数有原码、补码和反码 3 种表示形式。机器数中的最高位为符号位，正数用 0 表示，负数用 1 表示，有效值部用二进制绝对值表示，这种表示法称为原码。

数的反码表示：正数的反码和原码相同，负数的反码则是针对相应正数的原码，除了符号位各位取反，使 0 变 1、1 变 0。

数的补码表示：正数的补码和原码相同，负数的补码则是对反码加 1。可以验证，任何数的补码的补码即为原码本身。

引入补码的概念之后，减法运算可以用加法来实现，并且两数的补码之"和"等于两数之"和"的补码。因此在计算机中，加减法基本上都采用补码进行运算。

3. 浮点数的表示

1) 浮点数的表示范围

浮点数是指小数点位置不固定的数，它们既有整数部分，又有小数部分。计算机通常把浮

点数分成阶码(也称为指数)和尾数两部分来表示，其中阶码用二进制定点整数表示，尾数用二进制定点小数表示，阶码的长度决定数的范围，尾数的长度决定数的精度。为保证不损失有效数字，通常还要对尾数进行规格化处理，即保证尾数的最高位为 1，实际数值可通过阶码进行调整。

2) IEEE 754 标准

IEEE 754 是计算机中使用最为广泛的浮点标准。根据 IEEE 754 中的规定，常用的浮点数有如下两种格式。

- 单精度浮点数(32 位)，阶码 8 位，尾数 24 位(内含 1 位符号位)。
- 双精度浮点数(64 位)，阶码 11 位，尾数 53 位(内含 1 位符号位)。

这样浮点数 0 就有了精确表示，无穷大也有了明确表示。尾数 M 仅仅表示小数点之后的二进制位数，IEEE 754 规定小数点的左边还有一个隐含位，规格化和非规格化数的隐含位分别是 1 和 0。对于规格化数，阶码的二进制位不全部为 0 或全部为 1。对于绝对值较小的数，可以采用非规格化数表示，以减少下溢精度损失。

2.2.5 总线和外部设备

1. 总线

1) 总线的概念

总线是连接计算机各个部件的信息传输线，是使各个部件能够共享的传输介质。总线上信息的传输分为串行传输和并行传输。总线根据功能和实现方式的不同，可以分为片内总线、系统总线和通信总线。

- 片内总线：片内总线是指芯片内部的总线。例如，在 CPU 芯片内部、寄存器与寄存器之间、寄存器与 ALU 之间，就由片内总线连接。
- 系统总线：系统总线是指连接计算机各部件的总线，包括数据总线、地址总线和控制总线。数据总线用来传输各功能部件之间的数据信息，是双向传输总线，其位数与机器字长、存储字长有关，一般为 8 位、16 位或 32 位。地址总线主要用来指出数据总线上的元数据或目的数据的主存单元地址或 I/O 设备地址。地址总线由 CPU 输出，是单向传输。控制总线用来发出各种控制信号。
- 通信总线：这类总线用于计算机系统之间或计算机系统与其他系统(如控制仪表、移动通信等)之间的通信。通信总线按传输方式可分为两种：串行通信总线和并行通信总线。

2) 总线的组成及性能指标

总线结构通常分为单总线结构和多总线结构。单总线结构就是将 CPU、主存等所有部件连接到一组总线上。多总线结构则是将速度慢的 I/O 设备从单总线中分离出来，形成主总线和 I/O 设备总线分开的一种结构。

总线的性能指标有总线宽度、标准传输率(总线带宽)、时钟同步/异步(总线上的数据与时钟同步工作的总线称为同步总线，与时钟不同步的总线称为异步总线)、总线控制方式等。

3) 总线仲裁

为解决多个主设备同时竞争总线控制权的问题，需要使用总线控制器来进行统一管理。总线控制器的工作主要包括总线判优控制(仲裁逻辑)和通信控制。总线的仲裁逻辑可以分为集中式控制和分布式控制两种：前者将所有的总线请求集中起来，利用一种特定的算法进行裁决；后者则将仲裁逻辑分散在总线的各个部件上。

4) 总线操作

总线操作有读/写操作、块传送、写后读、读后写、广播等。

5) 总线标准

总线标准是系统与各模块之间以及模块与模块之间互连的标准界面。目前流行的总线标准有以下两种。

- 系统总线标准：ISA、EISA、VESA、PCI、AGP 等。PCI(Peripheral Component Interconnect Special Interest，外部设备互连)局部总线是高性能的 32 位/64 位总线，是专为高集成度的外围部件、扩展插槽和处理器/存储器系统而设计的互连机制。AGP 总线是一种视频接口的总线标准，专用于连接主存和图形存储器。
- 设备总线标准：IDE、SCSI、RS-232C、USB 等。早期大部分 PC 的硬盘和 CD-ROM 驱动器都是通过 IDE(集成驱动电子设备)这种接口和主机连接的。SCSI(Small Computer System Interface，小型计算机系统接口)现在已是各种计算机与外部设备之间的接口。RS-232C 是一种串行通信总线标准。USB(Universal Serial BUS)接口基于通用的连接技术，实现了外部设备的简单快速连接，USB 3.1 标准使最高传输速率达到了 10 Gbps。

2. 输入输出设备

1) 外部设备的分类

CPU 和主存构成计算机的主机，除主机外的其他设备和围绕主机设置的各种硬件设备称为外部设备或外围设备，它们主要用于直接或间接与计算机交换信息。外部设备种类丰富，根据它们在计算机系统中的作用，大致可分为输入输出设备、外存设备、终端设备、过程控制设备和脱机设备这几类。前三类应用较广，下面主要介绍这三类设备。

- 输入输出设备：向计算机输入信息的外部设备称为输入设备，接收计算机输出信息的外部设备称为输出设备。常见的输入设备有键盘、鼠标、扫描仪、麦克风等，输出设备有显示器、打印机等。另外，还有一些兼有输入和输出功能的复合型输入输出设备，如触摸屏等。
- 外存设备：主机以外的存储设备，又称外存，常见的外存设备有硬盘存储器、磁带存储器、光盘存储器等。
- 终端设备：终端设备由输入设备、输出设备和终端控制器组成。终端设备具有向计算机输入信息和接收计算机输出信息的能力，还具有与通信线路连接的通信控制能力以及一些数据处理能力。终端设备可进一步分为通用终端设备和专用终端设备等。

2) 硬盘存储器

硬盘存储器简称硬盘，是最重要的大容量外存设备，其性能对计算机系统有重要影响。

硬盘分为固定磁头磁盘存储器和移动磁头磁盘存储器两种。磁头和磁臂是硬盘驱动器的主要组成部分，磁头用于读取/写入盘片上记录面的信息，一个记录面对应一个磁头。固定磁头存储器由于不需要磁头定位机构，因而减少了数据读取的时间，盘片的转速高，但造价不菲，应用范围小。移动磁头磁盘存储器在读取数据时，磁头会在盘面上做径向运动，这类存储器可以由一个盘面组成，也可以将多个盘面装在一根同心轴上，每个盘面一个磁头。

对于包含 n 个盘面的磁盘组，不同记录面的相同半径的磁道可看成一个圆柱面。这些磁盘存储的信息称为柱面信息，每条磁道上有若干扇区。硬盘寻址的磁盘地址由磁头号、磁道号、盘面号、扇段号组成。

磁盘存储器的主要性能指标有存储密度、磁盘容量、平均存取时间和传输速率等。

* 存储密度以道密度、位密度和面密度表示。道密度是指沿磁盘半径方向单位长度的磁道数，位密度是指磁道单位长度所能存储的二进制位数。
* 磁盘容量是指磁盘所能存储的字节总数。
* 平均存取时间是指从发出读写命令后，磁头从某位置开始移至新位置，并完成从盘面读取或写入信息所需的时间，一般分为三部分：寻道时间(磁头移到目的磁道所花费的时间)、旋转延迟时间(磁头定位到所在扇区所花费的时间)和传输时间(传输数据所花费的时间)。
* 传输速率是指磁盘存储器在单位时间内向主机传送的数据的字节数。

3) I/O 接口

主机和外部设备具有各自的工作特点，它们在信息形式和工作速度上具有很大的差异，I/O接口(I/O 控制器)是主机和外部设备之间的交互界面，通过接口可以实现主机和外设之间的信息交换。I/O 接口的功能如下：

* 实现主机和外设的通信联络控制。
* 实现数据缓冲。
* 实现数据串并进行格式转换。
* 实现电平转换。
* 传送控制命令和状态信息。
* 反映设备的状态

4) I/O 方式

输入输出系统实现了主机与 I/O 设备之间的数据传送。我们可以采用不同的 I/O 控制方式，常用的方式有程序查询、程序中断、DMA 和通道等。

* 程序查询方式：程序查询方式也称为程序轮询方式。在这种方式下，CPU 必须不停地循环测试 I/O 设备的状态端口，当发现设备处于就绪(Ready)状态时，CPU 就可以与 I/O设备进行数据存取操作了。过程虽然简单、易理解，但需要频繁地测试 I/O 设备，因而极大地降低了 CPU 的处理效率。
* 程序中断方式：计算机在执行程序的过程中，当出现异常情况时，CPU 停止运行当前程序，转而执行这些异常情况的处理程序，对异常情况处理完毕后再返回当前程序继续运行，这就是中断。当多个中断源向 CPU 发出中断请求时，CPU 需要对各个中断源的请求进行排队，这就是中断判优。
* DMA 方式：DMA 方式也称为直接主存存取方式，是主存储器和 I/O 设备之间通过硬件设备"DMA 控制器(DMAC)"组成的直接数据通路，用于直接进行批量数据的交换，除了在数据传输开始和结束时，整个过程不需要 CPU 干预。在 DMA 方式下，完整的数据传输过程如下：当需要 I/O 设备进行数据输入输出时，由 DMA 控制器给出当前传送数据的主存地址寄存器，并统计传送的字节数。主存开辟缓冲区来提供和接收传送的数据。完成本次数据传输后，DMA 控制器释放总线控制权，并向 I/O 设备端口发出结束信号。

- 通道方式：通道(Channel)是相对于 CPU 而言的外围设备处理器或输入输出处理机，也能执行指令，只不过通道执行的指令与外部设备相关。通道方式实现了主存与 I/O 设备的直接数据交换。与 DMA 方式相比，通道所需的 CPU 控制更少，一条通道可以控制多台设备，并且能够一次进行多个不连续数据块的存取交换，从而极大提高了计算机系统的效率。

2.3　操作系统

计算机系统由两部分组成：硬件和软件。有一种软件与硬件直接相关，这种软件能对硬件资源进行管理，所有资源只有通过这种软件才能发挥作用，这种在计算机系统中占有特别重要地位的软件就是操作系统。

计算机发展到今天，从个人机到巨型机，无一例外都配置了一种或多种操作系统。操作系统(Operating System，OS)是管理计算机硬件资源、控制其他程序运行并为用户提供交互操作界面的系统软件的集合。

2.3.1　操作系统概述

1. 操作系统的功能与任务

操作系统是最基本，也是最核心的系统软件，是计算机系统的关键组成部分，所有其他软件都要依赖操作系统的支持。

操作系统是与硬件直接相邻的第一层软件，能对硬件进行首次扩充和改造，是其他软件运行的基础。操作系统的主要作用如下：

- 对计算机资源进行管理，包括对 CPU、内存、输入输出设备和其他软件资源进行管理。
- 对用户实现资源共享，并对资源的使用进行合理的调度。
- 作为用户与计算机硬件系统之间的接口，提供友好的用户界面。

如果把操作系统看成计算机系统资源的管理者，那么操作系统的功能和任务主要表现在以下几方面。

- 处理机管理：处理机是整个计算机硬件的核心。处理机管理的主要任务就是提高 CPU 的使用效率。
- 存储管理：计算机的内存资源是硬件系统中的重要资源，而内存的总容量是有限的。存储管理的主要任务是管理内存资源，对内存进行合理分配，以满足多个程序运行的需要。
- 设备管理：设备管理的主要任务包括——完成用户提出的 I/O 请求，为用户分配 I/O 设备；有效地管理 I/O 设备，提高 I/O 设备的利用率；提供每种设备的设备驱动程序，使用户不必了解硬件细节就能方便地使用这些设备。
- 文件管理：在现代计算机中，通常把程序和数据以文件形式存储在外存储器上，供用户使用，外存储器上保存了大量文件。为此，操作系统提供了文件管理功能，文件管理的主要任务是对用户文件和系统文件进行有效管理，以方便用户安全地使用它们。

- 用户界面：为了使用户能够灵活、方便地使用计算机和操作系统，操作系统还提供了友好的用户界面，这也是操作系统的另一项重要功能。

实际的操作系统可能由于性能和使用方式不同，在基本结构、系统功能等方面也会有所不同，因此不同操作系统所要完成的任务也各不相同。

2. 操作系统的发展历程

1) 手工操作阶段

在计算机发明之初，操作系统尚未出现。程序员采用手动操作方式，直接控制和使用计算机硬件。程序员使用机器语言编程，并将事先准备好的程序和数据穿孔在纸带或卡片上，用纸带或卡片输入机将程序和数据输入计算机。然后通过控制台启动计算机运行，运行完毕后，取走计算结果。这一阶段的特点是用户独占资源，对 CPU 的利用不充分。

2) 批处理系统

早期的计算机系统非常昂贵，为了充分利用计算机、减少空闲等待、缩短作业的准备和建立时间，人们加载了监督管理程序(Resident Monitor)。在监督管理程序的控制下，计算机可以自动控制和处理作业流。批处理系统又分为联机批处理系统和脱机批处理系统。在联机批处理系统中，作业的输入输出由 CPU 处理，并在主机和用户之间增加了一种存储设备——磁带机。当系统输出作业或结果时，CPU 仍处于空闲状态。

在脱机批处理系统中，输入输出设备脱离了主机的控制，增加了一台专门用来与输入输出设备相连的卫星机。这样主机便不再与慢速的输入输出设备相连，在进行作业的输入输出时，卫星机与主机是并行工作的，这样主机的计算能力得以充分发挥。

3) 多道程序系统

多道程序系统是指允许多个程序同时进入内存并运行，使它们共享 CPU 和系统中的各种资源。当一个程序因 I/O 请求而暂停运行时，CPU 便立即转去运行另一个程序。

多道程序设计技术提高了整个系统的资源利用率和系统吞吐量。

4) 分时系统

分时系统(Time Sharing System)在一台主机上连接了多个带有显示器和键盘的终端，同时允许多个用户通过自己的终端，以交互的方式使用计算机。分时系统与多道批处理系统之间有着截然不同的性能差别，分时系统能很好地将一台计算机提供给多个用户同时使用，从而提高了计算机的利用率。

分时系统中对后来计算机科学和技术发展有巨大影响的是 UNIX 系统，UNIX 系统被称为计算机/互联网行业的基石。

5) 个人计算机操作系统

20 世纪 70 年代末，由于个人计算机的出现，个人计算机操作系统也同时出现，其中微软公司的 MS-DOS 磁盘操作系统和苹果公司的 CP/M 最有影响。1984 年，随着苹果公司的 Macintosh 图形操作系统的诞生，以及 1992 年微软发布的 Windows 3.1 在全世界开始流行，之后这两大操作系统一直在演进，陆续发布了很多市场占有率很高的操作系统。1991 年，芬兰科学家 Linus 在 Internet 上发布了 Linux 系统，允许自由下载，众多爱好者开始对 Linux 系统进行改进、扩充、完善。Linux 系统在很多方面接近商用操作系统的品质和性能。

2007 年，苹果公司发布了应用于移动设备的 iOS 操作系统。同年 11 月，谷歌公司联合 84

家硬件制造商和软件开发商，共同研发基于 Linux 的应用于移动设备的 Android 系统。

3. 操作系统的分类

操作系统的分类方法有很多，按照操作系统展现在用户面前的访问方式，可分为多道批处理系统、分时系统和实时系统等。

- 多道批处理系统：所谓"多道"，是指内存中可驻留用户提交的多道作业。"批处理"是指提交到内存的多道作业的运行完全由系统控制，用户不能直接控制作业的运行。多道批处理系统强调脱机运行，设计目标是最大限度地提高系统资源利用率。缺点是用户不能干预程序的运行，对程序的调试和排错不利。

- 分时系统：分时系统把 CPU 时间划分成时间片，轮流分配给每个联机终端。分时系统能很好地将一台计算机提供给多个用户同时使用，提高了计算机的利用率，让用户感觉好像自己独占计算机。分时系统具有多路性、独立性(终端用户彼此独立，互不干扰)、及时性(快速响应)、交互性等特征。

- 实时系统：实时系统是一种能使计算机及时响应外部事件的请求，从而在规定的严格时间内完成对事件的处理，并控制所有实时设备和实时任务协调工作的操作系统。实时系统追求的目标是：对外部请求在严格时间内做出反应，具有高可靠性和完整性。主要特点是：对于资源的分配和调度，首先考虑实时性，然后才考虑效率。此外，实时系统应有较强的容错能力。常见的实时系统有过程控制系统、信息查询系统和事务处理系统。实时系统分为硬实时系统和软实时系统。硬实时系统必须使任务在确定时间内完成，而软实时系统能让绝大多数任务在确定时间内完成。

- 网络操作系统：为了方便传送信息和共享网络资源，可将计算机加入网络中，此时计算机中的操作系统便成为网络操作系统。网络操作系统的功能包括网络管理(涉及安全控制、性能监视、故障管理等)、网络通信、资源管理、网络服务等。

- 分布式系统：一种由多台分散的计算机通过网络互联而成的系统，可以获得极高的运算能力，并且实现了广泛的数据共享。联网的每台机器既独立又相互协同，能在分布式系统范围内实现资源管理、任务分配及并行运行分布式程序。分布式系统能并行地处理用户的各种需求，有较强的容错能力，一个节点出错不会影响其他节点的运行。分布式系统的优点是健壮、扩充容易、可靠性强、维护方便、效率高。

- 嵌入式系统：一种用于嵌入式设备的操作系统。微型化是嵌入式系统的重要特点。嵌入式系统具有可靠性强、实时性好、占用资源少、能源管理智能化、易于连接、成本低等特点。

2.3.2　进程管理

1. 并发程序设计

操作系统的主要目标是提高计算机系统的处理效率,增强系统中各个部件的并行操作能力。为了达到以上目标，使计算机系统能同时运行两个或两个以上的程序，人们引入了多道程序设计的概念。

多道程序设计要求程序具有并发性、异步性等特点。传统的程序设计方法采用的是顺序程序设计。所谓顺序程序设计，就是把程序设计成顺序执行的程序模块。顺序程序的特点如下：

- 程序的执行是严格有序的，只有当一个操作结束后，才能开始后续操作，这称为程序的顺序性。
- 程序一旦开始执行，就不受外界影响，这称为程序的封闭性。
- 程序的计算结果与程序的运行速度无关，只要给定相同的初始条件、相同的输入，重复执行后，一定会有相同的结果，这称为计算过程的可再现性。

所谓多个程序并发执行，是指一个程序可分成若干能够同时执行的程序模块。也就是说，在一个程序运行结束之前，可以运行其他程序。对于用户来说，就好像有多个程序在同时向前推进；但是从微观上看，任意时刻都只有一个程序在执行。多道程序系统和分时系统都允许程序并发执行，程序的并发执行具有以下特点。

- 并发程序没有封闭性。程序正在并发执行时，某个程序中的变量可能因其他程序的执行而改变，或者说，某个程序中的变量在其他程序输出时，在不同时刻的输出结果不同。程序的输出结果与程序的执行速度有关，因而失去了封闭性。
- 并发执行的程序可以相互制约。并发程序的执行过程很复杂，它们之间可能由于共享某些资源或过程而具有间接的相互制约关系。
- 程序与执行过程不再是一一对应的关系。程序在并发执行时，执行过程由当时的系统环境与条件决定，程序与执行过程不再一一对应。

2. 进程的基本概念

在多道程序环境下，程序的执行属于并发执行，此时它们将失去封闭性，并具有间断性及不可再现性。这决定了程序在系统中的状态和活动是动态的；而程序是一个静态的概念，无法刻画程序并发执行时的动态特性，为此人们为此引入"进程"的概念。

所谓进程，是指程序关于某个数据集合的一次运行活动。简单来说，进程是可并发执行的程序的一次执行过程。

进程与程序相关，但是进程与程序又有本质的区别，主要表现在以下方面。

(1) 进程是一个动态的概念，而程序是一个静态的概念。程序是指令的有序集合，没有任何执行方面的含义。

(2) 进程具有生命周期，进程动态地被创建，并在调度执行后消亡。也就是说，进程的存在是暂时的。程序则可以作为一种软件资源长期保存，程序的存在是永久的。

(3) 进程是程序的执行过程，不仅包含程序和数据，还包含用于记录进程相关信息的进程控制块(PCB)。

(4) 不同的进程可以包含同一程序，只要这个程序对应的数据集不同。

(5) 一个进程可以包含多个程序。

3. 进程的状态及转换

进程在执行的过程中，由于并发性及相互制约关系，其状态是不断变化的。一般来说，进程有以下五种状态。

(1) 就绪状态。当进程已分配除CPU外的所有必要资源后，只要能获得CPU，就能立即执行，此时的进程状态称为就绪状态。可以有多个进程同时处于就绪状态，系统通常会把它们排成队列，称为就绪队列。

(2) 运行状态。处于运行状态的进程正占据着 CPU，因为程序正在执行。处于这种状态的进程的数目取决于系统中 CPU 的数目。在单 CPU 系统中，只能有一个进程处于运行状态。

(3) 阻塞状态。当进程因发生某一事件(如请求 I/O、等待系统资源等)而暂停执行时，即使进程获得 CPU，也无法执行，我们称这种暂停状态为阻塞状态，有时也称为"等待"状态或"睡眠"状态。系统通常会将处于阻塞状态的进程排成队列，称为阻塞队列。

(4) 创建状态。进程在创建过程中，不能执行。

(5) 终止状态。进程执行结束。

图 2-6 展示了进程的这几种状态在一定条件下是如何转换的。进程状态的变化情况如下。

(1) 就绪状态→运行状态：系统按一种选定的策略从处于就绪状态的进程中选择一个进程，让它占用 CPU，被选中的那个进程进入运行状态。

(2) 运行状态→就绪状态：正在运行的进程由于分配的 CPU 时间片用完，让出 CPU 资源，进入就绪状态。

(3) 运行状态→阻塞状态：进程在运行中启动了 I/O 请求，于是进入等待外围设备传输信息的状态；当进程在运行中申请某系统资源时，将进入阻塞状态。

(4) 阻塞状态→就绪状态：处于阻塞状态的进程，当等待的资源得到满足时(另一个进程归还了资源)，将进入就绪状态，待分配到 CPU 资源后才能运行。

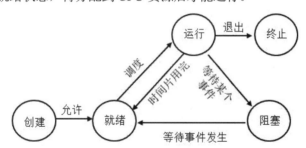

图 2-6　进程的五种基本状态以及状态之间的转换

4. 进程控制块及其组织

进程在被创建时，我们还需要建立能够记录和描述进程执行状态，同时反映进程与系统资源之间关系的数据块，这就是进程控制块。

1) 进程控制块

进程控制块(Process Control Block，PCB)描述的是进程的基本信息以及进程的运行状态，由系统为每个进程分别建立。系统根据 PCB 对进程进行管理，我们所说的创建及撤销进程都是对进程控制块执行的操作。因此，PCB 是进程存在的标志。

PCB 通常包含以下基本信息。

● 进程标识符(Process ID)：唯一标识进程的标识符或数字。

● 特征信息：反映进程是不是系统进程。

● 执行状态信息：记录进程当前的状态。

● 进程间的同步和通信信息：反映进程与其他进程之间的通信关系。

● 调度优先级：指定分配 CPU 时的分配策略。

- CPU 现场信息：失去 CPU 时进程的寄存器值(通用寄存器、程序计数器 PC、程序状态字 PSW、栈指针)。
- 进程映像信息：进程的程序和数据使用情况。
- 资源使用信息：指明进程占用的外部设备种类、设备号等信息。

2) 进程的组织

系统中有许多进程，它们所处的状态各不相同，这些进程的物理组织方式将直接影响系统的执行效率。进程的物理组织方式通常有线性表和链表两种。

线性表组织方式是指将系统中的所有 PCB 组织到一个线性表中，并将这个线性表的首地址存放到内存的一块专用区域。这种组织方式适合于系统中进程数目不多的情况，缺点是管理不方便，经常要扫描整个线性表，影响系统效率。

链表组织方式对线性表组织方式做了改进，系统按照进程的状态分别建立就绪索引表、阻塞索引表等。这种组织方式的优点在于系统的进程数不受限制，由于各种状态的进程队列是分开的，因此管理起来比较方便。

5. 进程的调度

进程的调度是指按照某种策略动态地将 CPU 分配给就绪队列中的进程的过程。进程的调度也称为低级调度，相应的进程调度程序称为低级调度程序。常见的高级调度是作业调度，作业调度负责对 CPU 以外的资源进行调度，包括对不可抢占资源进行分配。进程的调度仅负责对 CPU 进行分配，CPU 为可抢占资源。

进程的调度方式有两类：抢占方式与非抢占方式。所谓非抢占方式，是指一旦某个进程占用了 CPU，其他进程就不能再把 CPU 夺走，优先级高也不行。所谓抢占方式，是指当就绪队列中有进程的优先级高于当前执行的进程的优先级时，就立即发生进程的调度，转让 CPU，并保存被抢占了 CPU 的进程的相关信息，以便以后恢复。

常用的进程调度算法有以下几种。

(1) 先来先服务(First Come and First Served，FCFS)调度算法，又称先进先出(First In and First Out，FIFO)调度算法。进程在就绪队列中按先来后到的原则排队，到达越早，就越先获得 CPU。

(2) 时间片轮转调度算法(Round Robin，RR)。系统将就绪队列按 FCFS 方式排队。每个进程在执行时，占用的 CPU 时间片都不超过规定的时间片。若超过，则自行释放 CPU 给当前就绪队列中的第一个进程。每个时间片用完的进程，如果没有遇到阻塞，就排到就绪队列的末尾，等待下一次调度。

(3) 优先级调度算法。这是进程调度中最常用的一种算法，这种算法会把 CPU 分配给就绪队列中优先级最高的进程。根据 CPU 是否可被抢占，优先级调度分为抢占方式与非抢占方式两类。进程的优先级有两种确定方法：静态优先级和动态优先级。静态优先级是指进程的优先级在进程开始执行前就已确定，且执行过程中不变；而动态优先级则可以在进程执行过程中发生改变，这样就能更精准地控制 CPU 的响应时间。

除了上面的进程调度算法，还有一些其他进程调度算法，这里不再详述。在现实中，操作系统的调度相当复杂，都不是孤立地使用一种算法，而是将几种算法结合起来使用并优化，以达到高效使用系统资源的目的。

2.3.3　存储管理

计算机的内存资源是计算机系统中的重要资源，对内存资源进行有效的组织管理和合理的分配，是操作系统的主要任务之一。

1. 存储管理功能

在操作系统中，存储管理功能涉及以下操作。

- 地址映射：用户程序访问的地址是逻辑地址集合的地址空间，而内存空间是内存中物理地址的集合。两者是不一致的，因此必须提供地址映射功能，用于把程序地址空间中的逻辑地址转换为物理地址。

- 内存分配：根据每个用户程序的需求以及内存空间的实际大小，按照一定的策略分配内存空间。

- 存储保护：确保每个程序都在自己的内存空间中运行，互不干扰，保护系统程序区不被用户侵犯。

- 内存扩充：从逻辑上扩充内存容量。由于多个程序共享内存，内存资源变得尤为紧张，这就需要操作系统根据这些程序的情况合理利用内存，以确保当前需要的程序和数据在内存中，其余部分可以暂时存放到外存中。

2. 地址重定位

通常，用户在编写程序时并不知道自己的程序和数据具体要放到内存的哪个区域，因此程序不会使用内存的实际地址来编写，而是以某个基准地址(也叫 0 地址)来存放数据，这种地址称为逻辑地址；而程序在执行时，又必须将逻辑地址变为实际内存地址才能访问系统分配的内存，否则程序将无法执行。地址重定位就是操作系统把程序指令中的相对地址变换为绝对内存地址的过程。

地址重定位实现了从逻辑地址到物理地址的转换，实现方式有两种：静态重定位和动态重定位。地址的静态重定位是指在程序运行之前，为程序实行地址重定位工作，且占用的内存空间必须是连续的，一旦装入内存后，就不再移动。地址的动态重定位是指在程序寻址时进行重定位，访问地址时，通过地址变换机构(通常采用重定位寄存器)转换为内存地址，优点是程序可装入任意内存区域(不要求占用连续的内存区)，只装入部分程序代码即可运行，改变系统时不需要改变程序(程序占用的内存空间动态可变，只需要改变定位寄存器中的值)，程序可方便共享。

下面介绍几种基本的存储管理技术。

3. 连续存储管理

这种存储管理也称为界地址存储管理，特点是把内存划分成若干分区，一个作业占一个分区，系统和作业都以分区为单位使用内存。

在分区的分配方式中，分区大小既可以是固定的(称为固定分区)，又可以是可变的(称为动态分区)。

- 固定分区是指将内存大小固定地划分成若干大小不等的区域。一旦划分结束，在整个执行过程中，每个分区的长度和总分区个数将保持不变。一个作业占一个分区，直到作业完成才将所占分区归还系统。这种方式的特点是简单，要求的硬件少，缺点是容易产生内部碎片。

- 动态分区是指在作业执行前并不建立分区，分区的建立是在作业的处理过程中进行的，且大小可随作业或进程对内存的要求而改变，这就避免了固定分区中那种即使是小作业也要占据大分区的浪费现象，从而提高了内存的利用率。

后来，基于若允许将一个进程直接分散地装入许多不相邻接的分区中，则不必再进行"紧凑"的思想，又产生了离散分配方式，分为以下3种。

- 分页存储管理方式：将用户程序的地址空间分为若干固定大小的区域，称为"页"或"页面"；将内存空间也分为若干物理块或页框，页框的大小相同。
- 分段存储管理方式：把用户程序的地址空间分为若干大小不同的段，空间分配以段为单位。在分段式存储管理系统中，则是为每个分段分配一个连续的分区。进程中的各个段可以离散地移入内存中不同的分区。在系统中为每个进程建立一个段映射表，简称"段表"。每个段在段表中占用一个表项，其中记录了该段在内存中的起始地址(又称为"基址")和段的长度。由此可见，段表用于实现从逻辑段到物理内存区的映射。
- 段页式存储管理方式：这种方式是将分页和分段两种存储管理方式相结合的产物。

4. 虚拟存储器

传统的存储管理方式，要求作业在运行前必须一次性全部装入内存，且作业大小不能超过内存空间的实际大小。但实际上，根据程序的时间局部性和空间局部性，在作业运行时，可以只让当前用到的信息进入内存，其他未用信息留在外存中；而当作业需要用到外存中的信息时，通过采用请求调入和置换功能，将内存中用过的暂时不需要的信息部分换到外存中，而把要用的信息交换到已经空出来的内存中。对于用户来说，这相当于提供了比实际空间大得多的地址空间。这种大容量的地址空间并不是真实的存储空间，而是虚拟的，我们称之为虚拟存储器(virtual memory)，用于支持虚拟存储器的外存设备称为后备存储器。虚拟存储器是对主存的逻辑扩展。

虚拟存储器的实现方式有以下两种。

- 请求分页系统：请求分页存储管理方式在分页存储管理方式的基础上通过增加请求调页功能和页面置换功能而形成，由于每次调入和置换出的都是长度固定的页面，因此实现起来比较简单，是最为常用的一种虚拟存储器实现方式。
- 请求分段系统：请求分段存储管理方式则基于分段存储管理方式发展而来，自然也就具有分段管理系统的优点；同时，与请求分页管理方式相似，基于程序的局部性原理，在程序运行时，先调入若干段并运行，当运行过程中需要调用其他段时，再请求系统调入。这种技术又称为请求段式存储管理。

2.3.4 文件管理

操作系统的功能之一是为计算机系统提供数据存储和管理功能，而数据和程序通常以文件为基本单位存放在磁盘或其他外存设备上。大多数应用程序的输入都是通过文件来实现的，其输出也都保存在文件中，以便信息可以长期存放，这就需要系统提供文件管理功能，从而方便文件的使用和管理。

1. 文件及文件系统

所谓文件，指的是以计算机硬盘为载体的存储在计算机上的信息的集合。系统在运行时，计算机以进程为基本单位进行资源的分配和调度，而用户的输入输出则以文件为基本单位。

在操作系统中，处理文件的部分称为文件系统。文件系统对文件进行管理，包括文件的构造、命名、存取、使用、保护、实现和管理等。

随着操作系统的不断发展，出现了越来越多不同种类的文件系统。下面列出一些常用的具有代表性的文件系统。

- FAT：FAT(File Allocation Table)文件系统诞生于 1977 年，它最初是为软盘设计的文件系统，但是后来随着微软推出 DOS 和 Windows 9x 系统，该文件系统经过适配后逐渐被用到了硬盘上，并且在后来的 20 年里，一直是主流的文件系统。后来随着硬件技术的进步，又出现了 FAT 12、FAT 16、FAT 32 等文件系统。
- NFS：网络操作系统，允许多台计算机之间共享文件系统。
- HPFS：高性能文件系统，这是 IBM OS/2 中的文件系统。
- NTFS：英文全称是 New Technology File System，这是微软推出的一种相比 FAT 32 功能更加强大的文件系统。
- Ext2/4：Linux 中常见的文件系统。

1) 文件类型

为了有效、方便地管理文件，系统经常对文件进行分类。文件依照不同的标准可以有多种分类方式：按照用途可以分为系统文件、库文件、用户文件；按照性质可以分为普通文件、目录文件、特殊文件(代表设备)等；按照保护级别可以分为只读文件、读写文件、不保护文件等；按照数据形式可以分为源文件、目标文件和可执行文件。

2) 文件系统模型

文件系统的传统模型为层次模型，模型的每一层都在下一层的基础上向上一层提供更多的功能，由下至上逐层扩展，从而形成功能完备、层次清晰的文件系统。

现代操作系统一般可同时支持多种文件系统，如 Sun 公司的虚拟文件系统(VFS)就可以同时支持 EXT2、FAT 和 NTFS 等文件系统。

2. 文件的组织结构

1) 文件的逻辑结构

文件的逻辑结构就是从用户角度观察到的文件组织形式，是用户可以直接处理的数据和结构，通常分为两大类：记录式文件和流式文件。记录式文件从逻辑上看就是一组顺序记录的集合，是一种有结构文件，记录的长度有定长记录和变长记录两种。流式文件又称无结构文件，是由一组相关信息组成的字符流。

2) 文件的物理结构

文件的物理结构是指文件在存储介质上的存储方式。文件的物理结构直接与外存分配方式有关，采用不同的分配方式将得到不同的物理结构。常见的文件物理结构有以下 3 种类型。

- 顺序结构：为逻辑上连续的每个文件分配一组邻接的物理块。只需要给出首块的块号和文件长度，这种方式存取速度快，但文件不易扩展，插入与删除不方便。

- 链接结构：为每个文件分配一组离散的物理块(不连续)，用指针链接起来。这种结构使文件易于扩展，插入与删除方便，但搜索效率低。
- 索引结构：系统为每个文件建立一个索引表，里面记录了系统为文件分配的一组离散的物理块(不连续)的块号。这种结构使文件易于扩展，插入与删除方便，搜索效率高，但开销大。

3. 管理文件目录

1) 文件目录的概念

为了做到文件的按名存取，必须建立文件名、文件类型以及文件存储位置的对应关系，用来表示这种对应关系的数据结构称为文件目录。

每个文件在文件目录中登记为一项，这个目录项称为文件控制块(FCB)。FCB 主要包含以下信息：

- 基本信息，如文件名、文件的物理位置、文件的逻辑结构、文件的物理结构等。
- 存取控制信息，如文件的存取权限等。
- 使用信息，如文件的建立时间、修改时间等。

用户每创建一个新文件，系统都将为其分配一个 FCB 并存放在文件目录中，称为目录项。多个文件的 FCB 便组成了文件目录。当用户要求存取某个文件时，系统将查找文件目录，找到对应的 FCB，再通过 FCB 里的信息就能存取文件。在检索目录时，只需要文件名，文件的其他信息则用不到，因此系统会把文件名和文件的其他信息分开，使后者单独形成一种称为索引节点的数据结构。这样既加快了目录的检索速度，也便于实现文件的共享和管理。

2) 文件目录结构

目录结构的组织既关系到文件系统的存取速度，又关系到文件的共享性和安全性，目前常用的目录结构形式有单级目录、两级目录、多级目录。

- 单级目录结构：又称为一级目录结构，是最简单的目录结构。在整个文件系统中，单级目录结构只建立一个目录表，每个文件占据其中的一个表项。
- 两级目录结构：早期的多用户操作系统采用的是两级目录结构，分为主文件目录(Master File Directory，MFD)和用户文件目录(User File Directory，UFD)。主文件目录记录用户名及相应用户目录的存放位置，用户文件目录则由 FCB 组成。两级目录结构允许不同用户的文件重名，可以通过检查此时登录的用户名是否匹配，从而在目录上对访问权限进行限制，但是两级目录结构依然缺乏灵活性，用户不能对自己的文件进行分类。
- 多级目录结构：又称树状目录结构，不同目录下的文件可以重名。用户或用户进程在访问某个文件时，需要使用文件路径名标识文件，文件路径名是字符串。各级目录之间用\隔开。从根目录出发的路径称为绝对路径。

树状目录结构可以很方便地用来对文件进行分类，不仅层次结构清晰，而且能够有效地进行文件的管理和保护。但是，树状目录结构不便于实现文件的共享。

4. 文件空闲区的组织

操作系统将文件存储设备分成许多大小相同的物理块，并以块为单位存储信息。文件存储设备的管理在实质上是存储设备上空闲块的组织和管理，包括空闲块的组织、分配与回收等问题。常用的文件存储空间管理方案如下。

1) 空闲表法

空闲表法属于连续分配方式，与内存的动态分配方式类似，需要为每个文件分配一块连续的存储空间。系统为外存上的所有空闲区建立一个空闲盘块表，每个空闲区对应于一个空闲表项，其中包括表项序号、该空闲区的第一个盘块号、该空闲区的空闲区长度等信息。

系统在为新创建的文件分配空闲盘块时，将首先顺序地检索空闲盘块表中的各表项，直至找到第一个大小能满足要求的空闲区，然后将该空闲区分配给用户。

2) 空闲块链表法

将所有空闲块链接在一起，当需要空闲块时，从链表头部依次分配一些块，并将链头指针依次指向后面的空闲块。当用户因删除文件而释放存储空间时，系统将回收的盘块依次插入空闲盘块链的末尾。

3) 位示图法

位示图法是指利用一个二进制位来表示磁盘中某个盘块的使用情况，因此磁盘上所有的盘块都有一个二进制位与之对应。当其值为 0 时，表示对应的盘块空闲；当其值为 1 时，表示对应的盘块已分配。

4) 成组链接法

空闲表法和空闲块链表法都不适用于大型文件系统，因为它们会导致空闲表或空闲链表太大。UNIX系统中采用的是成组链接法：先将所有的空闲块分组，再通过指针将组与组链接起来。

2.3.5　I/O 设备管理

设备管理是指计算机系统对除 CPU 和内存外的所有输入输出设备的管理。设备管理不但要管理实际的 I/O 操作设备(如磁盘机、打印机)，还要管理设备控制器、DMA 控制器、中断控制器、I/O 处理机(通道)等支持设备。如何有效而又方便地管理好种类繁多的设备，是 I/O 设备管理的重要任务。设备管理软件的功能如下：

- 实现 I/O 设备的独立性。
- 错误处理。
- 异步传输。
- 缓冲管理。
- 设备的分配和释放。
- 实现 I/O 控制方式。

1. I/O 软件的层次结构

I/O 软件采用如图 2-7 所示的分层结构，将软件组织成一系列的层：低层参与硬件隔离，使其他部分软件不依赖硬件，实现上层的设备无关性(即设备独立性)；高层软件则参与向用户提供友好的、规范且统一的接口。I/O 软件一般分为四层：中断处理程序、设备驱动程序、与设备无关的系统软件以及用户程序(即用户空间的 I/O 软件)。从功能上看，设备无关层是 I/O 管理的主要部分；而从代码量上看，驱动层才是 I/O 管理的主要部分。分层是相对灵活的，具体分层时一些细节上的处理依赖于系统。

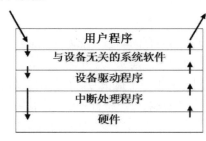

图 2-7　I/O 软件采用了分层结构

2. 中断处理程序

当 I/O 设备完成一次 I/O 操作时，设备控制器会向中断控制器发出信号，然后中断控制器再向 CPU 发出信号，从而触发一次中断。单 CPU 计算机上的终端处理过程如下：

(1) 检查 CPU 响应中断的条件是否满足。

(2) 如果满足，CPU 响应中断，立即关中断。

(3) 保存被中断进程的 CPU 环境，比如程序状态字(PSW)以及保存在程序计数器中的信息。

(4) 分析中断原因，转入相应的中断处理程序。

(5) 执行中断处理程序。

(6) 恢复被中断进程的 CPU 环境，返回被中断的进程。

(7) 开中断，CPU 继续执行。

I/O 操作完成后，驱动程序必须检查本次 I/O 操作是否发生错误，以便向上层软件报告。

3. 设备驱动程序

设备驱动程序与具体的设备类型密切相关，用来控制设备的运行，一般由生产厂商提供。设备驱动程序是 I/O 进程与设备控制器之间的通信程序，其主要任务是接收上层软件发来的抽象的 I/O 请求，如 read 和 write 命令，在把它们转换为具体的要求后，发送给设备控制器，启动设备并执行。设备驱动程序的功能如下：

(1) 接收与设备无关的软件发来的命令和参数，并将命令中抽象的要求转换为与设备相关的低层操作序列。

(2) 检查用户 I/O 请求的合法性，了解 I/O 设备的工作状态，传递与 I/O 设备操作有关的参数，设置设备的工作方式。

(3) 发出 I/O 命令，如果设备空闲，便立即启动 I/O 设备，完成指定的 I/O 操作；如果设备忙碌，就将请求挂到设备队列中并等待。

(4) 及时响应设备控制器发来的中断请求，并根据中断类型，调用相应的中断处理程序进行处理。

I/O 操作完成后，驱动程序会检查出错情况。如果一切正常，那么程序运行结束后将返回一些状态信息给调用者。如果是输入操作，那么还需要把输入的数据上传到上一层的系统软件。

4. 与设备无关的 I/O 软件(系统软件)

设备驱动程序的上一层是与设备无关的 I/O 软件,I/O 软件是系统内核的一部分。真正的 I/O 操作是由设备驱动程序完成的,而设备驱动程序是由硬件厂商提供的,因而对于与设备无关的 I/O 软件来说,需要提供适用于所有设备的常用 I/O 功能,并为上层软件提供统一的接口,其功能如下:

- 定义并实现与上层应用程序之间的统一接口。
- 进行设备命名,负责将设备名映射到设备驱动程序。
- 提供与设备无关的数据块大小。
- 保护设备。

5. 用户层的 I/O 软件

用户层的 I/O 软件处于 I/O 软件分层中的最上层,面向程序员,负责与用户和设备无关的 I/O 软件通信。当接收到用户的 I/O 指令后,把具体请求发送到与设备无关的 I/O 软件以进行进一步处理,主要包含库程序和 SPOOLing(Simultaneous Peripheral Operation On Line)系统。

在多道程序设计中,SPOOLing 系统是一种能够将一台独占设备改造成可共享的虚拟设备的技术。例如,当用户进程请求打印输出时,SPOOLing 系统并不真正把打印机分配给用户进程,而由守护进程为其在磁盘中申请存储空间,并将想要打印的数据以文件的形式存放于 SPOOLing 目录下,然后由守护进程依次完成 SPOOLing 目录下文件的打印工作,守护进程是唯一拥有使用打印机设置特殊文件权限的进程。总之,利用 SPOOLing 技术可以提高 I/O 速度,将独占设备改造为共享设备,实现虚拟设备的功能。

用户层的 I/O 软件还会用到缓冲技术。利用缓冲技术有如下好处:可以缓和 CPU 与 I/O 设备之间速度不匹配的矛盾;降低 CPU 的中断频率,放宽对 CPU 中断响应时间的限制;解决数据粒度不匹配的问题;提高 CPU 与 I/O 设备之间的并行性。

6. 设备的分配与回收

进程在使用资源时,必须先向设备管理程序提出申请,由设备分配程序根据相应的分配策略为进程分配资源。如果进程得到了资源,并使用资源完成了相关操作,系统将会及时回收这些资源,以便其他进程使用。

2.4 习题与解答

选择题

1. 下列有关运算器的描述中,正确的是(   )。
   A. 只做算术运算,不做逻辑运算
   B. 只做加法
   C. 能暂时存放运算结果
   D. 既做算术运算,又做逻辑运算
   答案: D

2. 以下存储设备的存储容量由大到小排序正确的是(　　)。
   A. 寄存器、缓存、主存、外存
   B. 外存、主存、缓存、寄存器
   C. 主存、外存、缓存、寄存器
   D. 缓存、外存、寄存器、主存
   答案：B

3. 在主存和CPU之间增加Cache的目的是(　　)。
   A. 扩大主存容量
   B. 解决CPU与主存之间的速度匹配问题
   C. 提高主存速度
   D. 提高主存速度和扩大主存容量
   答案：B

4. 计算机操作系统的功能是(　　)。
   A. 把源代码转换成目标代码
   B. 提供硬件与软件之间的转换
   C. 提供各种中断处理程序
   D. 管理计算机资源并提供用户接口
   答案：D

5. (　　)系统允许多个用户在其终端同时交互地使用计算机。
   A. 批处理　　　　B. 实时　　　　C. 分时　　　　D. 多道批处理
   答案：C

6. 操作系统会为每个文件开辟一块存储区，里面记录着文件的有关信息，这就是所谓的
(　　)。
   A. 进程控制块　　B. 文件控制块　　C. 设备控制块　　D. 作业控制块
   答案：B

7. 操作系统的主要功能是(　　)。
   A. 进程管理、存储器管理、设备管理、处理机管理
   B. 虚拟存储管理、处理机管理、进程调度、文件管理
   C. 处理机管理、存储器管理、设备管理、文件管理
   D. 进程管理、中断管理、设备管理、文件管理
   答案：C

8. 从资源管理的角度看，进程调度属于(　　)。
   A. I/O管理　　　　B. 文件管理　　　　C. 处理机管理　　　　D. 存储器管理
   答案：C

第3章　数据结构与算法

为了使用计算机解决实际问题，需要编写程序。程序应包括两方面的内容：一是对数据的描述，也就是在程序中指定数据的类型和组织形式，称为数据结构(Data Structure)；二是对操作的描述，也就是操作步骤，称为算法(Algorithm)。这就是由著名计算机科学家 Nikiklaus Wirth 提出的沃思公式：

$$程序=数据结构+算法$$

本章主要介绍数据结构与算法。

3.1　算法

3.1.1　算法的基本概念

为了使用计算机解决实际问题，首先需要设计出解决问题的算法，然后根据算法编写程序。算法设计是程序设计的基础。

1. 算法的定义

算法(Algorithm)是对解题方案的准确而完整的描述。对于一个实际问题来说，如果能通过编写一个计算机程序，并使其在有限的存储空间内运行有限的时间，进而得到正确的结果，则称这个问题是算法可解的。

2. 算法的基本特征

一般来说，算法应该具有以下几个基本特征。

(1) 有穷性(Finiteness)：算法应包含有限的操作步骤而不能是无限的。算法的有穷性包括合理的执行时间及有限的存储空间需求。因为一个算法如果需要无限长的时间来执行的话，也就意味着该算法永远得不到计算结果。同样，一个算法在执行时如果需要无限的存储空间，则该算法不可能找到合适的运行环境。

(2) 确定性(Definiteness)：算法中的操作都应是确定的，而不是含糊、模棱两可的。算法中的每个步骤应当不被解释成不同的含义，它们应是明确无误的。

(3) 可行性(Effectiveness)：算法应该可以有效地执行，换言之，算法描述的每一步都可通过将已经实现的基本运算执行有限次来完成。

(4) 输入(Input)：所谓输入，是指在执行算法时需要从外界获取必要的信息。算法可以有输入，也可以没有输入。

(5) 输出(Output)：算法的目的是求解，"解"就是输出。一个算法可以有一个或多个输出。没有输出的算法是没有意义的。

3.1.2 算法的复杂度

设计算法时，不仅要考虑正确性，还要考虑执行算法时耗费的时间和存储空间。算法的复杂度是衡量算法优劣的度量之一，包括时间复杂度和空间复杂度。

1. 算法的时间复杂度

算法的时间复杂度是指执行算法所需的计算工作量。当度量算法的工作量时，不仅应该与使用的计算机、程序设计语言无关，还应该与算法实现过程中的许多细节无关。算法的工作量可以用算法在执行过程中所需的基本运算的执行次数来度量。例如，在考虑将两个矩阵相乘时，可以将两个实数之间的乘法运算作为基本运算，而对于使用的加法(或减法)运算忽略不计，这是因为加法和减法需要的运算时间比乘法和除法少得多。

2. 算法的空间复杂度

算法的空间复杂度是指执行算法所需的内存空间。算法占用的存储空间包括算法程序占用的存储空间、输入的初始数据占用的存储空间以及算法在执行过程中所需的额外空间。其中，额外空间包括算法程序执行过程中的工作单元以及某种数据结构所需的附加存储空间(例如，在链式结构中，除了存储数据本身，还需要存储链接信息)。在许多实际问题中，为了减少算法占用的存储空间，通常采用压缩存储技术，以尽量减少不必要的额外空间。

设计算法时，既要考虑让算法的执行速度快(时间复杂度小)，又要考虑让算法所需的存储空间小(空间复杂度小)，这经常是矛盾的，很难兼顾，应根据实际需要而有所侧重。

3.2 数据结构的基本概念

在利用计算机进行数据处理时，需要处理的数据元素一般很多，并且需要把这些数据元素存放在计算机中，因此，大量的数据元素如何在计算机中存放，以便提高数据处理的效率、节省存储空间，便是数据处理中所要解决的关键问题。将大量的数据随意存放到计算机中，这显然对数据处理是不利的。数据结构主要研究以下3个问题：

(1) 数据集合中各数据元素之间固有的逻辑关系，即数据的逻辑结构(Logical Structure)。

(2) 在对数据进行处理时，各数据元素在计算机中的存储关系，即数据的存储结构(Storage Structure)。

(3) 对各种数据结构进行的运算。

讨论上述问题的主要目的是提高数据处理的效率，这包括提高数据处理的速度和节省数据处理所需占用的存储空间。

下面我们来介绍一些常用的基本数据结构，它们是软件设计的基础。

3.2.1 什么是数据结构

数据(Data)是计算机可以保存和处理的数字、字母和符号。数据元素(Data Element)是数据的基本单位，是数据集合中的个体。有时也把数据元素称作节点、记录等。实际问题中的各数据元素之间总是相互关联的。数据处理是指对数据集合中的各元素以各种方式进行运算，包括插入、删除、查找、更改等，也包括对数据元素进行统计分析。

数据结构(Data Structure)是指相互有关联的数据元素的集合。例如，向量和矩阵就是数据结构，在这两种数据结构中，数据元素之间有着位置上的关系。再比如说，图书馆中的图书卡片目录则是一种较为复杂的数据结构，对于写在各卡片上的各种图书信息，可能在主题、作者等方面相互关联。

数据元素的含义非常广泛，现实世界中存在的一切实体都可以用数据元素表示。例如，描述一年四季的季节名称"春、夏、秋、冬"，可以作为季节的数据元素；表示数值的各个数据，如 26、56、65、73、26、…，可以作为数值的数据元素；表示家庭成员的称呼"父亲、儿子、女儿"，可以作为家庭成员的数据元素；等等。

在数据处理中，对于数据元素之间固有的某种关系(即联系)，通常使用前后件关系(或直接前驱关系与直接后继关系)来描述。例如，在考虑一年中的四个季节的顺序关系时，则"春"是"夏"的前件，而"夏"是"春"的后件。同样，"夏"是"秋"的前件，"秋"是"夏"的后件；"秋"是"冬"的前件，"冬"是"秋"的后件。一般来说，数据元素之间的任何关系都可以用前后件关系来描述。

1. 数据的逻辑结构

数据的逻辑结构是指数据之间的逻辑关系，与它们在计算机中的存储位置无关。数据的逻辑结构有两个基本要素：

(1) 表示数据元素的信息，通常记为 D。

(2) 表示各数据元素之间的前后件关系，通常记为 R。

因此，数据结构可以表示成 B=(D，R)，其中 B 表示数据结构。为了描述 D 中各数据元素之间的前后件关系，一般用二元组来表示。例如，假设 a 与 b 是 D 中的两个数据元素，则二元组(a，b)表示 a 是 b 的前件、b 是 a 的后件。

例 3-1：一年四季的数据结构可以表示成

　　B=(D，R)

　　D={春，夏，秋，冬}

　　R={(春，夏)，(夏，秋)，(秋，冬)}

例 3-2：家庭成员的数据结构可以表示成

　　B=(D，R)

　　D={父亲，儿子，女儿}

　　R={(父亲，儿子)，(父亲，女儿)}

2. 数据的存储结构

我们研究数据结构的目的是在计算机中实现数据的处理，因此还需要研究数据元素及其相互关系是如何在计算机中表示和存储的，也就是研究数据的存储结构。数据的存储结构应包括数据元素自身的存储表示和数据元素之间关系的存储表示两方面。在实际进行数据处理时，被处理的各数据元素在计算机存储空间中的位置关系与它们的逻辑关系不一定相同。例如，在家庭成员的数据结构中，"儿子"和"女儿"都是"父亲"的后件，但在计算机存储空间中，不可能将"儿子"和"女儿"这两个数据元素都紧跟着存放在"父亲"这个数据元素的后面。

数据的逻辑结构在计算机存储空间中的存放形式称为数据的存储结构(又称数据的物理结构)。由于数据元素在计算机存储空间中的位置关系可能与它们的逻辑关系不同,因此为了表示存放在计算机存储空间中的各数据元素之间的逻辑关系(即前后件关系),在数据的存储结构中,不仅要存放各数据元素的信息,还要存放各数据元素之间的前后件关系信息。实际上,一种数据的逻辑结构可以表示成多种存储结构。常用的存储结构有顺序结构、链接结构、索引结构等。对于同一种逻辑结构,如果采用的存储结构不同,那么数据处理的效率往往也是不同的。

3.2.2　数据结构的图形表示

数据结构除了可以使用前面讲述的二元关系进行表示,还可以使用图形来表示。在数据结构的图形表示中,数据集合 D 中的数据元素用中间标有元素值的方框表示,称之为数据节点,简称节点。为了表示各数据元素之间的前后件关系,对于关系 R 中的每一个二元组,用一条有向线段从前件节点指向后件节点。例如,一年四季的数据结构可以用图 3-1 来表示,描述家庭成员间辈分关系的数据结构则可以用图 3-2 来表示。

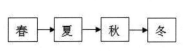

图 3-1　一年四季数据结构的图形表示

图 3-2　家庭成员数据结构的图形表示

使用图形方式表示数据结构既方便,又直观。有时,在不会引起误解的情况下,可以省去从前件节点指向后件节点的连线上的箭头。

在数据结构中,没有前件的节点称为根节点,没有后件的节点称为终端节点(也称为叶子节点)。例如,在图 3-1 所示的数据结构中,节点"春"为根节点,节点"冬"为终端节点;在图 3-2 所示的数据结构中,节点"父亲"为根节点,节点"儿子"与"女儿"都是终端节点。在数据结构中,除根节点与终端节点外的其他节点一般称为内部节点。

3.2.3　线性结构与非线性结构

数据结构可以是空的,也就是一个数据元素都没有,这称为空的数据结构。空的数据结构在插入一个新的数据元素后,将变为非空的数据结构;对于只有一个数据元素的数据结构来说,将这个数据元素删除后,就变成了空的数据结构。根据数据结构中各数据元素之间前后件关系的复杂程度,一般将数据结构分为两大类:线性结构和非线性结构。如果一个非空的数据结构满足如下两个条件:

(1) 有且只有一个根节点。

(2) 每个节点最多有一个前件,同时最多有一个后件。

就称这个非空的数据结构为线性结构。线性结构又称线性表。例如,在前面的例 3-1 中,描述一年四季的数据结构就属于线性结构。线性结构在插入或删除一个节点后仍是线性结构。

一个数据结构如果不是线性结构,那就是非线性结构。在前面的例 3-2 中,描述家庭成员间辈分关系的数据结构就是非线性结构。

线性结构和非线性结构都可以是空的数据结构。一个空的数据结构究竟是线性结构还是非线性结构，要根据具体情况而定：如果运算是按线性结构的规则进行处理的，则是线性结构，否则是非线性结构。

3.3 线性表及其顺序存储结构

3.3.1 线性表的基本概念

线性表(Linear List)是最简单、最常用的一种数据结构，由一组数据元素组成。例如，一年中的月份编号(1，2，3，…，12)是一个长度为 12 的线性表。再如，英文字母表(A，B，C，…，Z)则是一个长度为 26 的线性表。

线性表是由 $n(n \geqslant 0)$ 个数据元素$(a_1, a_2, \cdots, a_n)$组成的一个有限序列，其中的每个数据元素，除第一个外，有且只有一个前件，除最后一个外，有且只有一个后件。线性表可以表示为$(a_1, a_2, \cdots, a_i, \cdots, a_n)$，其中 $a_i(i=1, 2, \cdots, n)$是属于数据对象的元素，通常又称为线性表中的节点。当 $n=0$ 时，称为空表。

3.3.2 线性表的顺序存储结构

在计算机中存放线性表时，最简单的方法是采用顺序存储结构。使用顺序存储结构存储的线性表又称为顺序表，特点如下：

(1) 所有元素所占的存储空间是连续的。

(2) 各数据元素在存储空间中是按逻辑顺序依次存放的。

可以看出，在顺序表中，作为前后件的两个元素在存储空间中是紧邻的，并且前件元素一定存储在后件元素的前面。图 3-3 展示了顺序表在计算机中的存储情况，其中 a_1，a_2，…，a_n 表示顺序表中的数据元素。

	a_1	a_2	…	a_i	…	a_n	

图 3-3 线性表的顺序存储结构示意图

假设在长度为 n 的顺序表$(a_1, a_2, \cdots, a_i, \cdots, a_n)$中，每个数据元素所占的存储空间相同(假设都为 k 字节)，那么想要在这个顺序表中查找某个元素是很方便的。如果第 i 个数据元素 a_i 的存储地址能用 $\mathrm{ADR}(a_i)$表示，则有：

$$\mathrm{ADR}(a_i)=\mathrm{ADR}(a_1)+(i-1)k$$

也就是说，在线性表的顺序存储结构中，各数据元素的存储地址可以直接计算求得。

在计算机程序设计语言中，一般使用一维数组来表示线性表的顺序存储空间，因为计算机程序设计语言中的一维数组与计算机中实际的存储空间在结构上十分类似，这便于对顺序表进行各种处理。实际上，在定义一维数组的大小时，建议比顺序表大一些，以便对顺序表进行各种运算，如插入运算等。

顺序表的运算主要有以下几种：

(1) 在顺序表的指定位置插入一个新的元素(即顺序表的插入)。

(2) 在顺序表中删除指定的元素(即顺序表的删除)。

(3) 在顺序表中查找满足给定条件的元素(即顺序表的查找)。

(4) 按要求重排顺序表中各个元素的顺序(即顺序表的排序)。

(5) 按要求将一个顺序表分解成多个顺序表(即顺序表的分解)。

(6) 按要求将多个顺序表合并成一个顺序表(即顺序表的合并)。

(7) 复制一个顺序表(即顺序表的复制)。

(8) 逆转一个顺序表(即顺序表的逆转)，等等。

3.4 栈和队列

3.4.1 栈及其基本运算

1. 栈的基本概念

栈(Stack)是一种特殊的线性表，这种线性表限定仅在一端进行插入和删除运算。其中，允许插入和删除的一端称为栈顶(Top)，不允许插入和删除的另一端则称为栈底(Bottom)。栈顶元素总是最后被插入的那个元素，从而也是最先能被删除的元素；栈底元素总是最先被插入的元素，从而也是最后才被删除的元素。

栈中的数据是按照"先进后出"(First In Last Out，FILO)或"后进先出"(Last In First Out，LIFO)的原则来操作的。由此可以看出，栈具有记忆功能。

如图 3-4 所示，通常用指针 top 来指向栈顶，用指针 bottom 指向栈底。往栈中插入一个元素称为入栈运算，从栈中删除一个元素(即删除栈顶元素)称为出栈运算。

在图 3-4 中，a_1 为栈底元素，a_n 为栈顶元素。栈中的元素按照 $a_1, a_2, \cdots, a_n$ 的顺序进栈，出栈的顺序则刚好相反。

图 3-4　栈的示意图

2. 栈的顺序存储结构及基本运算

栈的顺序存储结构将利用一组地址连续的存储单元依次存放自栈底到栈顶的数据元素，并设有指针指向栈顶元素所在的位置，如图 3-4 所示。使用顺序存储结构的栈简称顺序栈。

栈的基本运算有 3 种：入栈、出栈与读栈。

(1) 入栈运算：入栈运算是指在栈顶位置插入一个新元素。运算过程如下：

① 修改指针，将栈顶指针加 1(top 加 1)。

② 在当前栈顶指针所指位置插入一个新元素。

当栈顶指针已经指向存储空间的最后一个位置时，说明栈已满，这时不能再执行入栈运算。

(2) 出栈运算：出栈运算是指取出栈顶元素并赋给某个变量。运算过程如下：

① 读取栈顶指针指向的栈顶元素并赋给某个变量。

② 将栈顶指针减 1(top 减 1)。

当栈顶指针为 0 时(top=0)，说明栈空，这时不能执行出栈运算。

(3) 读栈运算

读栈运算是指将栈顶元素赋给指定的变量。运算过程是：将栈顶指针所指向的栈顶元素读出并赋给指定的变量，然后栈顶指针保持不变。

当栈顶指针为 0 时(top=0)，说明栈空，因而读不到栈顶元素。

3.4.2　队列及其基本运算

1. 队列的基本概念

队列(Queue)也是一种特殊的线性表，这种线性表限定仅在一端进行插入运算，而在另一端进行删除运算。其中，允许插入的一端称为队尾，允许删除的另一端则称为队头。

队列是按照"先进先出"(First In First Out，FIFO)或"后进后出"(Last In Last Out，LILO)的原则操作数据的，因此，队列也被称为"先进先出"表或"后进后出"表。在队列中，通常用指针 front 指向队头，用指针 rear 指向队尾，如图 3-5 所示。

图 3-5　队列的示意图

队列的基本运算有两种：往队列的队尾插入一个元素称为入队运算，从队列的队头删除一个元素称为出队运算。与栈类似，计算机程序设计语言使用一维数组作为队列的顺序存储空间。使用顺序存储结构的队列简称顺序队列。

2. 循环队列及其运算

为了充分利用存储空间，在实际应用中，队列的顺序存储结构一般采用循环队列的形式，当指针 rear 或 front 指向最后一个存储位置时，可把第一个存储位置作为下一个存储位置，这样队列指针便能在整个存储空间中循环游动，从而使顺序队列形成逻辑上的环状空间，称为循环队列(Circular Queue)，如图 3-6 所示。

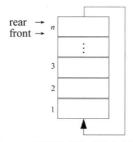

图 3-6　循环队列的存储空间示意图

在循环队列中，当存储空间的最后一个位置已被使用但又需要再次进行入队运算时，只要存储空间的第一个位置空闲，就可以将元素插入第一个位置，这相当于将第一个位置作为新的队尾。

在循环队列中，从队头指针 front 指向的位置直到队尾指针 rear 指向的前一个位置之间的所有元素均为队列中的元素。可以设置 n 来表示循环队列的最大存储空间。

循环队列的初始状态为空，此时 rear=front=n，如图 3-6 所示。

循环队列主要有两种基本运算：入队运算与出队运算。每进行一次出队运算，队头指针加1。当队头指针 front=$n+1$ 时，设置 front=1。每进行一次入队运算，队尾指针加 1。当队尾指针 rear=$n+1$ 时，设置 rear=1。

当循环队列满时，会发生 front=rear；而当循环队列空时，也会发生 front=rear。为了区分队列当前是满还是空，需要设置标志 sign，sign=0 时表示队列是空的，sign=1 时表示队列非空。下面给出队列空与队列满的条件：队列空的条件为 sign=0；队列满的条件为 sign=1，且 front=rear。

假设存在循环队列 Q(1:n)，初始状态 rear=front=n，经过一系列入队与出队运算后，循环队列中剩余元素的个数为：

① 如果 rear≥front，元素个数为 rear=front。

② 如果 rear<front，元素个数为 n - (front - rear)。

3.5 线性链表

3.5.1 线性链表的基本概念

线性表的顺序存储结构具有简单、运算方便等优点，但在插入或删除元素时往往需要移动大量的数据元素。另外，在顺序存储结构中，线性表的存储空间不便于扩展。在线性表的存储空间已满的情况下，如果继续插入新的元素，就会发生"上溢"错误。再如，在实际应用中，经常需要用到若干线性表(包括栈与队列)，如果将存储空间平均分配给各个线性表，就有可能造成有的线性表空间不够用，而有的线性表空间根本用不着或用不完，从而导致有些线性表的空间处于空闲状态，而另外一些线性表却产生"上溢"错误，使操作无法进行。

因此，对于数据元素需要频繁变动的大型线性表，不宜采用顺序存储结构，而应采用链式存储结构。

1. 线性链表

线性表的链式存储结构称为线性链表。

为了表示线性表的链式存储结构，通常将计算机中的存储空间划分为一个一个的小块，每一小块占用连续的若干字节，通常称这些小块为存储节点。为了存储线性表中的元素，一方面要存储数据元素的值，另一方面还要存储数据元素之间的前后件关系，这就需要将存储空间中的每个存储节点分为两部分，一部分用于存储数据元素的值，称为数据域，另一部分用于存储下一个数据元素的存储节点的地址，称为指针域。

在线性链表中，一般使用指针 HEAD 指向第一个数据元素的节点，也就是使用 HEAD 存放线性表中第一个数据元素的存储节点的地址。在线性表中，最后一个元素是没有后件的。所以，线性链表中最后一个节点的指针域为空(用 NULL 或 0 表示)，表示链表终止。

假设 4 名学生的某门功课的成绩分别是 a_1、a_2、a_3、a_4，这些数据在内存中的存储单元地址分别是 1248、1488、1366 和 1522，如图 3-7(a)所示。实际上，我们通常使用图 3-7(b)来表示它们之间的逻辑关系。

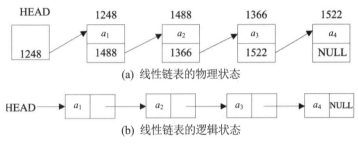

(a) 线性链表的物理状态

(b) 线性链表的逻辑状态

图 3-7　线性链表的示意图

在线性表的链式存储结构中，各节点的存储地址一般是不连续的，而且各节点在存储空间中的位置关系与逻辑关系也不一致。在线性链表中，各数据元素之间的前后件关系是通过各节点的指针域进行指示的。对于线性链表，可以从头指针开始，沿着节点指针遍历链表中的所有节点。

这样的线性链表又称为线性单链表。在线性单链表中，每个节点只有一个指针域，由这个指针域只能找到后件节点。也就是说，线性单链表只能沿着指针向一个方向扫描，这对于有些问题而言是很不方便的。为了克服线性单链表的这个缺点，在一些应用中，可为线性链表中的每个节点设置两个指针域，一个指针域指向前件节点，称为前件指针或左指针，另一个指针域指向后件节点，称为后件指针或右指针。一般把这种包含前、后件指针的线性链表称为双向链表，如图 3-8 所示。

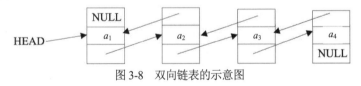

图 3-8　双向链表的示意图

2. 带链的栈

与一般的线性表类似，在进行程序设计时，栈也可以使用链式存储结构。使用链式存储结构的栈又称为带链的栈，简称链栈。

3. 带链的队列

与一般的线性表类似，在进行程序设计时，队列也可以使用链式存储结构。使用链式存储结构的队列又称为带链的队列，简称链队列。

3.5.2 线性链表的基本运算

线性链表的基本运算如下：
(1) 在线性链表中插入一个包含新元素的节点。
(2) 在线性链表中删除包含指定元素的节点。
(3) 将两个线性链表合并成一个线性链表。
(4) 将一个线性链表按要求进行分解。
(5) 逆转线性链表。
(6) 复制线性链表。
(7) 线性链表的排序。
(8) 线性链表的查找。

3.5.3 循环链表

循环链表(Circular Linked List)具有如下两个特点。

(1) 循环链表中增加了表头节点。表头节点的数据域任意，也可根据需要进行设置，指针域则指向线性表中第一个元素的节点。循环链表的头指针指向表头节点。

(2) 循环链表中最后一个节点的指针域不是空的，而是指向表头节点。在循环链表中，所有节点的指针将构成一个环状的链，如图3-9所示。其中，图3-9(a)展示的是一个非空的循环链表(简称非空表)，图3-9(b)展示的则是一个空的循环链表(简称空表)。

在循环链表中，从任何一个节点出发，都可以访问到链表中所有的其他节点。另外，由于设置有表头节点，因此循环链表中至少有一个节点能使空表与非空表的运算统一。

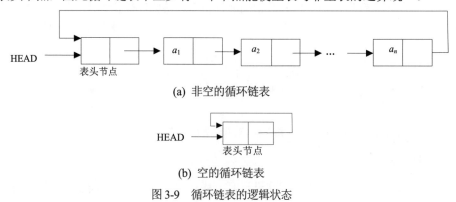

(a) 非空的循环链表

(b) 空的循环链表

图3-9 循环链表的逻辑状态

3.6 树与二叉树

3.6.1 树的基本概念

树(Tree)是一种非线性结构，在这种数据结构中，所有数据元素之间的关系具有明显的层次特点，如图3-10所示。

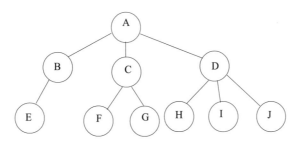

图 3-10 树结构的示意图

从图 3-10 可以看出，在使用图形表示树结构时，样子看起来很像自然界中的树，只不过是一棵倒置的树。因此，人们使用"树"来命名这种数据结构。在树的图形表示中，一般把使用直线连起来的两个节点中上端的节点作为前件，而把下端的节点作为后件，这样用来表示前后件关系的箭头就可以省略了。

关于树的基本术语如下。

树中没有前件的节点只有一个，称为根节点(简称根)。例如，在图 3-10 中，节点 A 是树的根节点。除了根节点，每个节点只有一个前件，称为该节点的父节点。

树中的每个节点可以有多个后件，它们都称为该节点的子节点。没有后件的节点称为叶子节点。例如，在图 3-10 中，节点 E、F、G、H、I、J 均为叶子节点。

树中的某个节点所拥有的后件的个数称为该节点的度。例如，在图 3-10 中，根节点 A 的度为 3，节点 B 的度为 1，节点 C 的度为 2，叶子节点的度为 0。

在树的所有节点中，度最大的节点的度称为树的度。例如，图 3-10 所示的树的度为 3。

由于树结构具有明显的层次关系，因此在树结构中，可按如下原则分层：根节点在第 1 层。同一层中所有节点的所有子节点都在下一层，例如，在图 3-10 中，根节点 A 在第 1 层，节点 B、C、D 在第 2 层；节点 E、F、G、H、I、J 在第 3 层。

树的最大层数称为树的深度。例如，图 3-10 所示的树的深度为 3。

树中以某节点的一个子节点为根构成的树称为该节点的一棵子树。例如，在图 3-10 中，根节点 A 有 3 棵子树，它们分别以节点 B、C、D 为根节点；节点 C 有两棵子树，它们分别以节点 F、G 为根节点。树的叶子节点没有子树。

3.6.2 二叉树及其基本运算

由于二叉树操作简单，而且任何树都可以转换为二叉树进行处理，因此二叉树在树结构的实际应用中起着重要的作用。

1. 二叉树的基本概念

二叉树(Binary Tree)是一种非常有用的非线性数据结构。二叉树与前面介绍的树结构十分相似，并且有关树结构的所有术语也都适用于二叉树。

二叉树的特点如下：

(1) 非空的二叉树只有一个根节点。

(2) 每个节点最多有两棵子树，分别称为该节点的左子树与右子树。

图 3-11 展示了一棵二叉树，根节点为 A，左子树包含节点 B、D、G、H，右子树包含节点

C、E、F、I。根节点 A 的左子树又是一棵二叉树，其根节点为 B，并且包含非空的左子树(由节点 D、G、H 组成)和空的右子树。根节点 A 的右子树也是一棵二叉树，其根节点为 C，并且包含非空的左子树(由节点 E、I 组成)和右子树(由节点 F 组成)。

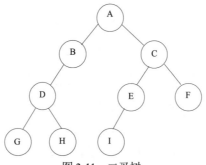

图 3-11　二叉树

在二叉树中，每个节点的度最大为 2。换言之，二叉树的所有子树(左子树或右子树)也均为二叉树，而树节点的度可以是任意的。例如，图 3-12 展示的是 4 棵不同的二叉树，但如果作为普通的树，那么它们是相同的。

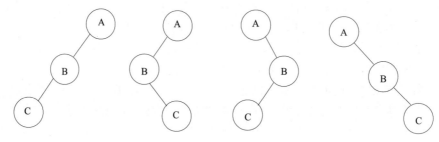

图 3-12　4 棵不同的二叉树

2. 满二叉树与完全二叉树

满二叉树与完全二叉树是两种特殊的二叉树。

1) 满二叉树

在一棵二叉树中，如果所有分支节点都存在左子树和右子树，并且所有叶子节点都在同一层，那么称这样的二叉树为满二叉树。图 3-13(a)和图 3-13(b)分别展示了深度为 2 和 3 的满二叉树。

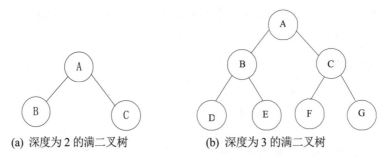

(a) 深度为 2 的满二叉树　　　　(b) 深度为 3 的满二叉树

图 3-13　满二叉树

2) 完全二叉树

完全二叉树是指满足如下条件的二叉树：除了最后一层，每一层的节点数均达到最大值，并且最后一层只缺少右边的若干节点。更确切地说，假设存在一棵深度为 m 的包含 n 个节点的二叉树，对树中的节点按从上到下、从左到右的顺序进行编号。如果编号为 $i(1 \leqslant i \leqslant n)$ 的节点与满二叉树中编号为 i 的节点在二叉树中的位置相同，那么称这棵二叉树为完全二叉树。显然，满二叉树也是完全二叉树，但完全二叉树不一定是满二叉树。图 3-14 展示了两棵深度为 3 的完全二叉树。

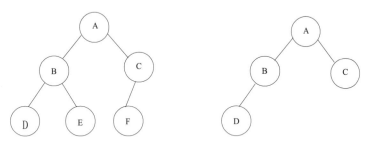

图 3-14　两棵深度为 3 的完全二叉树

3. 二叉树的基本性质

性质 1　在二叉树中，第 i 层的节点数最多为 $2^{i-1}(i \geqslant 1)$。

根据二叉树的特点，性质 1 是显而易见的。

性质 2　在深度为 k 的二叉树中，总节点数最多为 $2^k - 1(k \geqslant 1)$。

深度为 k 的二叉树是指二叉树共有 k 层。由性质 1 可知，深度为 k 的二叉树的最大节点数 n 为：

$$n=2^0+2^1+2^2+\cdots+2^{k-1}=2^k - 1$$

性质 3　对于任意一棵二叉树，度为 0 的节点(即叶子节点)总是比度为 2 的节点多 1 个。

假设一棵二叉树中有 n_0 个叶子节点、n_1 个度为 1 的节点、n_2 个度为 2 的节点，那么这棵二叉树的总节点数为：

$$n=n_0+n_1+n_2$$

又假设这棵二叉树中总的分支数为 m，因为除了根节点，其余节点都只有一个分支进入，所以 $m=n-1$；但这些分支都是从度为 1 或 2 的节点发出的，所以又有 $m=n_1+2n_2$，于是得到：

$$n=n_1+2n_2+1$$

综上可得 $n_0=n_2+1$。由此我们得出如下结论：在二叉树中，度为 0 的节点(即叶子节点)总是比度为 2 的节点多 1 个。

例如，图 3-13 所示的二叉树有 5 个叶子节点，另外还有 4 个度为 2 的节点，度为 0 的节点则比度为 2 的节点多 1 个。

性质 4　具有 n 个节点的二叉树的深度至少为 $[\log_2 n]+1$，其中 $[\log_2 n]$ 表示取 $\log_2 n$ 的整数部分；而具有 n 个节点的完全二叉树的深度为 $[\log_2 n]+1$。

性质 4 可以由性质 2 直接得到。

性质 5　如果对一棵包含 n 个节点的完全二叉树的所有节点从 1 到 n 按层(每一层从左到右)

进行编号,那么对于任意节点 $i(1\leqslant i\leqslant n)$,存在以下几种情况:

(1) 如果 $i=1$,则节点 i 是二叉树的根,其没有父节点;如果 $i>1$,则父节点的编号为 $[i/2]$。

(2) 如果 $2i>n$,则节点 i 无左子节点(节点 i 为叶子节点);否则,其左子节点是节点 $2i$。

(3) 如果 $2i+1>n$,则节点 i 无右子节点;否则,其右子节点是节点 $2i+1$。

根据完全二叉树的这个性质,如果按从上到下、从左到右的顺序存储完全二叉树的各个节点,就很容易确定每个节点的父节点、左子节点和右子节点的位置。

3.6.3 二叉树的存储结构

与一般的线性表类似,在进行程序设计时,二叉树也可以使用顺序存储结构和链式存储结构。所不同的是,此时表示一种层次关系而非线性关系。

对于一般的二叉树,通常采用链式存储结构。用于存储二叉树中各元素的存储节点由两部分组成:数据域与指针域。在二叉树中,由于每个元素可以有两个后件(即两个子节点),因此二叉树的存储节点的指针域有两个:一个用于存放该节点的左子节点的存储地址,称为左指针域;另一个用于存放该节点的右子节点的存储地址,称为右指针域。图3-15展示了二叉树的存储节点的结构。其中:$L(i)$ 是节点 i 的左指针域,换言之,$L(i)$ 为节点 i 的左子节点的存储地址;$R(i)$ 是节点 i 的右指针域,换言之,$R(i)$ 为节点 i 的右子节点的存储地址;$V(i)$ 是数据域。

i	$L(i)$	$V(i)$	$R(i)$

图 3-15 二叉树的存储节点的结构

在二叉树的存储结构中,由于每个存储节点有两个指针域,因此二叉树的链式存储结构又称为二叉链表。

对于满二叉树与完全二叉树来说,根据二叉树的性质5,可按层对节点进行顺序存储,这样不仅节省存储空间,还能够方便我们确定每个节点的父节点与左右子节点的位置,但顺序存储结构对于一般的二叉树不适用。

3.6.4 二叉树的遍历

在树结构的应用中,常常要求查找具有某种特征的节点,或者要求对树结构中的全部节点逐一进行某种处理。

二叉树的遍历是指按一定的次序访问二叉树中的每一个节点,使每个节点被访问一次且只被访问一次。根据二叉树的定义可知,一棵二叉树可看作由三部分组成——根节点、左子树和右子树。对于这三部分,究竟先访问哪一部分呢?也就是说,用于遍历二叉树的方法实际上要做的就是确定各节点的访问顺序,以便访问到二叉树中的所有节点,并且还要确保各节点只被访问一次。

在遍历二叉树的过程中,通常规定先遍历左子树,再遍历右子树。在上述原则下,根据访问根节点的次序,二叉树的遍历可以分为三种:前序遍历、中序遍历、后序遍历。下面分别介绍这三种遍历方法,并使用 D、L、R 分别表示"访问根节点""遍历根节点的左子树"和"遍历根节点的右子树"。

1. 前序遍历(DLR)

前序遍历是指首先访问根节点，然后遍历左子树，最后遍历右子树；并且在遍历左右子树时，仍然首先访问根节点，然后遍历左子树，最后遍历右子树。可以看出，前序遍历二叉树的过程是不断递归的。下面给出前序遍历二叉树的过程。

若二叉树为空，则遍历结束。否则：

(1) 访问根节点；

(2) 前序遍历左子树；

(3) 前序遍历右子树。

例如，对图 3-16 中的二叉树进行前序遍历，遍历结果为 ABDGCEHFI。

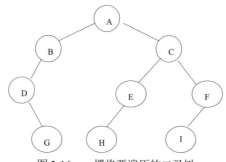

图 3-16　一棵将要遍历的二叉树

2. 中序遍历(LDR)

与前序遍历类似，中序遍历二叉树的过程如下。

若二叉树为空，则遍历结束。否则：

(1) 中序遍历左子树；

(2) 访问根节点；

(3) 中序遍历右子树。

例如，对图 3-16 中的二叉树进行中序遍历，遍历结果为 DGBAHECIF。

3. 后序遍历(LRD)

与前序遍历类似，后序遍历二叉树的过程如下。

若二叉树为空，则遍历结束。否则：

(1) 后序遍历左子树；

(2) 后序遍历右子树：

(3) 访问根节点。

例如，对图 3-16 中的二叉树进行后序遍历，遍历结果为 GDBHEIFCA。

3.7　查找技术

查找又称检索，是数据处理领域中的一项重要内容。所谓查找，就是在给定的数据结构中查找某个指定的元素。本节主要介绍顺序查找和二分查找这两种方法。

3.7.1　顺序查找

顺序查找又称顺序搜索，基本思想是：从线性表的第一个元素开始，依次与被查找元素进行比较，若相等则查找成功；若所有元素在与被查元素进行比较后都不相等，则查找失败。

在顺序查找过程中，如果线性表中的第一个元素就是要查找的元素，则只需要进行一次比较就能查找成功；但如果要查找的元素是线性表中的最后一个元素，或者要查找的元素不在线性表中，则需要与线性表中的所有元素进行比较，这是进行顺序查找的最坏情况。在正常情况下，使用顺序查找法在线性表中查找一个元素，大约要与线性表中一半的元素进行比较。由此可见，对于比较大的线性表来说，顺序查找法的效率是比较低的。虽然顺序查找法的效率不高，但是对于下列两种情况，只能采用顺序查找法。

(1) 如果线性表是无序线性表(在这种线性表中，元素的排列是没有顺序的)，则不管使用的是顺序存储结构还是链式存储结构，都只能采用顺序查找法。

(2) 线性表是有序线性表，但使用的是链式存储结构，此时只能采用顺序查找法。

3.7.2　二分查找

二分查找只适用于顺序存储的有序线性表，这种线性表中的元素已按元素值的大小排好序了。假设有序线性表中的元素是按元素值递增排列的，并假设线性表的长度为 n，被查元素为 x，则二分查找过程如下：

(1) 将 x 与线性表中的中间元素进行比较。

(2) 若中间元素的值等于 x，则查找成功，结束查找。

(3) 若 x 小于中间元素的值，则在线性表的前半部分以相同的方法进行查找。

(4) 若 x 大于中间元素的值，则在线性表的后半部分以相同的方法进行查找。

重复以上过程，直到查找成功；或直到子线性表的长度为 0，此时查找失败。

可以看出，只有在有序线性表使用顺序存储结构的情况下才能采用二分查找。可以证明，对于长度为 n 的有序线性表，在最坏情况下，二分查找只需要比较 $\log_2 n$ 次，顺序查找需要比较 n 次。由此可见，二分查找法的效率要比顺序查找法高得多。

3.8　排序技术

排序是指将无序的序列整理成有序的序列。排序的方法有很多，本节主要介绍三类常用的排序方法：交换类排序法、插入类排序法和选择类排序法。

3.8.1　交换类排序法

交换类排序法是指借助数据元素之间的互相交换进行排序的一种方法。冒泡排序法与快速排序法都属于交换类排序法。

1. 冒泡排序法

冒泡排序法是一种最简单的交换类排序法——借助相邻数据元素之间的交换逐步将线性表变成有序的。冒泡排序法的操作过程如下：首先，从表头开始往后扫描线性表，在扫描过程中依次比较相邻元素的大小，若前面的元素大于后面的元素(假定从小到大进行排序)，就将它们互换。显然，在扫描过程中，将会不断地把相邻元素中的大者往后移动，线性表中的最大者便被交换到了最后，如图 3-17(a)所示，图中将要比较的元素都带有下画线。可以看出，若线性表有 n 个元素，则第 1 趟排序需要比较 n-1 次。

经过第 1 趟排序后，最后一个元素就是最大者。对除最后一个元素外的剩余 n-1 个元素构成的线性表进行第二趟排序，以此类推，直到剩下的元素为空或者在扫描过程中没有交换任何元素为止。此时，线性表将变得有序，如图 3-17(b)所示，图中由方括号括起来的部分表示已排好序。可以看出，若线性表有 n 个元素，则最多需要进行 n-1 趟排序。在图 3-17 所示的例子中，在进行了第 3 趟排序后，线性表已排好序。

原序列	6	2	8	1	3	5	7
第 1 次比较	2	6	8	1	3	5	7
第 2 次比较	2	6	8	1	3	5	7
第 3 次比较	2	6	1	8	3	5	7
第 4 次比较	2	6	1	3	8	5	7
第 5 次比较	2	6	1	3	5	8	7
第 6 次比较	2	6	1	3	5	7	8

(a) 第 1 趟排序

原序列	6	2	8	1	3	5	7
第 1 趟排序	2	6	1	3	5	7	[8]
第 2 趟排序	2	1	3	5	6	[7	8]
第 3 趟排序	1	2	3	5	[6	7	8]
第 4 趟排序	1	2	3	[5	6	7	8]
第 5 趟排序	1	2	[3	5	6	7	8]
第 6 趟排序	1	[2	3	5	6	7	8]
排序结果	1	2	3	5	6	7	8

(b) 各趟排序

图 3-17　冒泡排序法的操作过程

从冒泡排序法的操作过程可以看出，对于长度为 n 的线性表，在最坏的情况下需要进行 $(n-1)+(n-2)+\cdots+2+1=n(n-1)/2$ 次比较。

2. 快速排序法

快速排序法对冒泡排序法做了改进，基本思想是：任取待排序序列中的某个元素 K 作为基准(一般取第一个元素)，通过一趟排序，将待排序元素分为左右两个子序列，左子序列元素的值(以元素的值作为排序依据)均小于或等于 K，右子序列元素的值则大于 K。然后分别对两个子序列继续进行排序，直到整个序列有序为止。快速排序法通过多次比较和交换来实现排序。

快速排序法在最坏情况下需要进行 $n(n-1)/2$ 次比较，但实际效率要比冒泡排序法高。

3.8.2　插入类排序法

冒泡排序法在本质上是通过交换数据元素的位置来逐步消除线性表中的逆序，插入类排序法与此不同。简单插入排序法与希尔排序法都属于插入类排序法。

1. 简单插入排序法

简单插入排序(又称直接插入排序)是指将元素依次插入有序线性表中。

简单插入排序法的操作过程如下：假设线性表中的前 $i-1$ 个元素已经有序，首先将第 i 个元素放到变量 T 中，然后从第 $i-1$ 个元素开始，往前逐个与变量 T 进行比较，将大于变量 T 的元素均依次向后移动一个位置，直到发现有元素都不大于变量 T，此时就将变量 T 插到刚刚移出的空位，这样有序子表的长度就变为 i 了。

在实际应用中，可首先将线性表中的第 1 个元素看成一个有序线性表，然后从第 2 个元素开始逐个进行插入。

在简单插入排序法中，每一次比较后最多消除一个逆序；因此，这种排序方法的效率与冒泡排序法相差不大。在最坏情况下，简单插入排序法需要比较的次数为 $n(n-1)/2$。

2. 希尔排序法

希尔排序法的基本思想是：先将整个待排序的序列分成若干子序列(由相隔某个"增量"的元素组成)并分别进行直接插入排序，等到整个序列中的元素基本有序(增量足够小)时，再对所有元素进行一次直接插入排序。

希尔排序法的效率与选取的增量序列有关。最坏情况下，希尔排序法的时间复杂度为 $O(n\log_2 n)$。

3.8.3　选择类排序法

这里主要介绍简单选择排序法。

简单选择排序法也叫直接选择排序法，排序过程如下：首先扫描整个线性表，从中选出最小的元素，将其与线性表中的第一个元素交换；然后对剩下的子表采用同样的方法，直到子表中只有一个元素。对于长度为 n 的线性表，简单选择排序法需要扫描 $n-1$ 遍，每一遍扫描均从剩下的子表中选出最小的元素，然后将其与子表中的第一个元素交换。

简单选择排序法在最坏情况下需要比较 $n(n-1)/2$ 次。

3.9　习题与解答

选择题

1. 下列叙述中正确的是(　　)。
   A. 一个算法的空间复杂度大，其时间复杂度也必定大
   B. 一个算法的空间复杂度大，其时间复杂度必定小

C. 一个算法的时间复杂度大，其空间复杂度必定小

D. 上述三种说法都不对

答案：D

2. 算法的空间复杂度是指(　　)。

A. 算法在执行过程中所需的计算机存储空间

B. 算法能够处理的数据量

C. 算法程序中语句或指令的条数

D. 队头指针既可以大于队尾指针，也可以小于队尾指针

答案：A

3. 算法的时间复杂度是指(　　)。

A. 算法的执行时间

B. 算法能够处理的数据量

C. 算法程序中语句或指令的条数

D. 算法在执行过程中所需的基本运算次数

答案：D

分析：算法的时间复杂度是指执行算法所需的计算工作量，这可以通过计算算法在执行过程中所需的基本运算的执行次数来度量。

4. 下列叙述中正确的是(　　)。

A. 数据的逻辑结构只能有一种存储结构

B. 数据的逻辑结构属于线性结构，而数据的存储结构属于非线性结构

C. 数据的逻辑结构可以有多种存储结构，且各种存储结构不影响数据处理的效率

D. 数据的逻辑结构可以有多种存储结构，且各种存储结构影响数据处理的效率

答案：D

分析：数据的逻辑结构是指数据之间的逻辑关系，而数据的存储结构是指数据的逻辑结构在计算机存储空间中的存放形式。

5. 下列数据结构中，能够按照“先进先出”原则存取数据的是(　　)。

A. 循环队列　　　　B. 栈　　　　　　C. 队列　　　　　　D. 二叉树

答案：C

分析：队列是限定仅在一端进行插入，而在另一端进行删除的线性表。在队列中，允许插入的一端称为队尾，而允许删除的另一端则称为队头。队列也被称为“先进先出”表或“后进后出”表。

6. 下列叙述中正确的是(　　)。

A. 在栈中，元素会随栈底指针与栈顶指针的变化而动态变化

B. 在栈中，栈顶指针不变，元素随栈底指针的变化而动态变化

C. 在栈中，栈底指针不变，元素随栈顶指针的变化而动态变化

D. 上述三种说法都不对。

答案：C

分析：栈是限定仅在一端进行插入和删除的线性表。允许插入和删除的一端称为栈顶，而不允许插入和删除的另一端则称为栈底。栈也被称为“先进后出”表或“后进先出”表。

7. 假设栈的初始状态为空，现将元素 1、2、3、4、5、A、B、C、D、E 依次入栈，然后将它们依次出栈，那么这些元素出栈时的顺序是(　　)。

    A. 12345ABCDE   B. EDCBA54321   C. ABCDE12345   D. 54321EDCBA

    答案：B

分析：栈是先进后出的线性表。

8. 下列关于线性链表的描述中正确的是(　　)。

    A. 存储空间不一定连续，且各个元素的存储顺序是任意的

    B. 存储空间不一定连续，且前件元素一定存储在后件元素的前面

    C. 存储空间必须连续，且前件元素一定存储在后件元素的前面

    D. 存储空间必须连续，且各个元素的存储顺序是任意的

    答案：A

9. 某二叉树包含 n 个度为 2 的节点，此二叉树中的叶子节点数为(　　)。

    A. $n+1$ B. $n-1$ C. $2n$ D. $n/2$

    答案：A

分析：在二叉树中，度为 0 的节点(即叶子节点)总是比度为 2 的节点多 1 个。

10. 对如下二叉树进行后序遍历，遍历结果为(　　)。

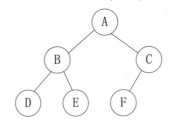

    A. ABCDEF   B. DBEAFC   C. ABDECF   D. DEBFCA

    答案：D

分析：后序遍历二叉树的过程如下——若二叉树为空，则遍历结束；否则首先后序遍历左子树，然后后序遍历右子树，最后访问根节点。

11. 在长度为 n 的有序线性表中进行二分查找，在最坏情况下需要比较的次数为(　　)。

    A. n B. $n/2$ C. $\log_2 n$ D. $n \log_2 n$

    答案：C

分析：可以证明，对于长度为 n 的有序线性表，在最坏情况下，二分查找只需要比较 $\log_2 n$ 次，顺序查找需要比较 n 次。

第4章　软件工程基础

软件工程(Software Engineering，SE)是一门指导计算机软件系统开发和维护的工程学科，涉及计算机科学、数学、管理科学以及工程科学等多门学科。软件工程的研究范围包括软件系统的开发方法及技术、管理技术、软件工具、环境以及软件开发规范。

4.1　软件工程的基本概念

4.1.1　软件危机与软件工程

1. 软件危机

所谓软件危机，是指人类在计算机软件开发和维护过程中遇到的一系列严重问题。具体而言，在软件开发和维护过程中，软件危机主要表现在以下几方面。

(1) 软件需求的增长得不到满足，用户对系统不满意的情况经常发生。

(2) 软件开发成本和进度无法控制。

(3) 软件质量难以保证。

(4) 软件不可维护或可维护性非常低。

(5) 软件的成本不断提高。

(6) 软件开发生产率的提高赶不上硬件的发展和应用需求的增长。

2. 软件工程

为了消除软件危机，1968 年，北大西洋公约组织的计算机科学家在联邦德国召开国际会议，第一次讨论软件危机问题，并正式提出"软件工程"的概念。软件工程就是试图使用工程、科学和数学的原理与方法研制、维护计算机软件的有关技术及管理方法。

软件工程包括三个要素：方法、工具和过程。方法是完成软件工程项目的技术手段；工具支持软件的开发、管理、文档生成；过程支持软件开发的各个环节的控制与管理。

软件工程的核心思想是把软件产品作为工程产品来处理。

4.1.2　软件的定义与分类

1. 软件的定义

计算机系统由硬件和软件两部分组成。计算机软件是指包含了程序、数据及相关文档的完整集合。其中，程序是软件开发人员根据用户需求开发的、用程序设计语言实现的、计算机能够执行的指令(语句)序列。数据是程序的处理对象，以特定数据结构存储。文档是与程序开发、维护和使用相关的图文资料。由此可见，软件由两部分组成：一是机器可执行的程序及相关数据；二是机器不可执行的，与软件开发、运行、维护和使用有关的文档。

2. 软件的分类

软件按功能可以分为系统软件、支撑软件(或工具软件)和应用软件。

系统软件是计算机管理自身资源、提高计算机使用效率并为计算机用户提供各种服务的软件，如操作系统、编译程序、汇编程序、网络软件、数据库管理系统等。

支撑软件是介于系统软件和应用软件之间，用于协助用户开发软件的工具性软件，如需求分析工具软件、设计工具软件、编码工具软件、测试工具软件、维护工具软件等。

应用软件是为解决特定领域的应用而开发的软件，如事务处理软件、工程与科学计算软件、实时处理软件、嵌入式软件，以及人工智能软件等。

4.1.3 软件的生存周期

通常，我们将软件产品从提出、实现、使用、维护到退役(停止使用)的过程称为软件的生存周期(Software Life Cycle)。软件开发通常分为软件定义、软件开发及软件运行 3 个阶段，如图 4-1 所示。

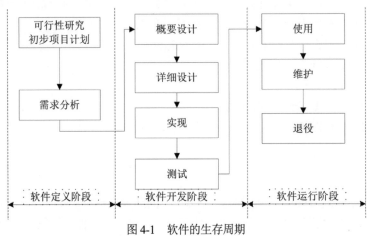

图 4-1 软件的生存周期

4.2 软件需求分析

4.2.1 需求分析与需求分析方法

1. 需求分析

软件需求是指用户对目标软件系统在功能、行为、性能、设计约束等方面的期望和要求，目的是准确定义新系统的目标，形成软件需求规格说明书。需求分析必须达到开发人员和用户之间完全一致的要求。

2. 需求分析方法

常见的需求分析方法有以下两种：

(1) 结构化分析方法，主要包括面向数据流的结构化分析方法、面向数据结构的 Jackson 系统开发方法和面向数据结构的结构化数据系统开发方法。

(2) 面向对象的分析方法(Object-Oriented Method，OOA)，该方法的关键是识别问题域内的对象，分析它们之间的关系，并建立三类模型：对象模型、动态模型和功能模型。

4.2.2 结构化分析方法

结构化分析方法着眼于数据流，采用自顶向下，逐层分解的方法来建立系统的处理流程。数据流图和数据字典是结构化分析方法的主要工具，可依此建立系统的逻辑模型。结构化分析方法适合于分析大型的数据处理系统。

1. 数据流图(Data Flow Diagram，DFD)

数据流图是描述数据处理过程的工具之一，它从数据传递和加工的角度，以图形的方式描绘数据在系统中流动和处理的过程。

2. 数据字典(Data Dictionary，DD)

数据字典是结构化分析方法的另一个工具，它能与数据流图配合，从而清楚地表达数据处理的要求。仅靠数据流图，人们很难理解它所描述的对象。数据字典将所有与系统相关的数据元素组织成列表，并且有着精确、严格的定义，使得用户和系统分析人员对输入输出、存储成分和中间计算结果等有了共同的理解。

4.2.3　软件需求规格说明书

软件需求规格说明书是需求分析阶段的最后成果，也是软件开发中的重要文档之一。

1. 软件需求规格说明书的作用

(1) 便于用户、开发人员进行理解和交流。
(2) 作为软件开发工作的基础和依据。
(3) 作为确认测试和验收的依据。

2. 软件需求规格说明书的内容

软件需求规格说明书是作为需求分析的一部分而制定的可交付文档。软件需求规格说明书对软件计划中确定的软件范围进行扩展，里面包含了完整的信息描述、详细的功能说明、恰当的检验标准以及其他与要求有关的数据。

4.3　软件设计

软件设计是软件工程的重要阶段，是一个把软件需求转换为软件表示的过程。在此过程中，需要形成各种设计文档，这是设计阶段的最终产品。软件设计是软件开发过程中的关键阶段，对未来软件的质量有决定性影响。

4.3.1　软件设计的基本概念

软件分析阶段的工作成果是软件需求规格说明书，软件需求规格说明书明确地描述了用户要求软件系统"做什么"。但对于大型系统来说，为了保证软件产品的质量，并使开发工作顺利进行，要求必须先为编程制订计划，也就是进行软件设计。软件设计实际上是在软件需求规格说明书与程序之间架起了一座桥梁。

1. 软件设计的基本原理

在软件开发实践中，有许多软件设计方面的概念和原则，它们对提高软件的设计质量有很大的帮助。

1) 模块化

模块是数据说明、可执行语句等程序对象的集合。可以对模块单独命名，而且可通过名称访问。

模块化是指将软件系统划分成若干模块，每个模块完成一个子功能。模块化的目的是将系统“分而治之”，因此能够降低问题的复杂度，使软件结构清晰、易阅读、易理解、易测试且易调试，因而有助于提高软件的可靠性。

模块化可以减少开发工作量、降低开发成本并提高软件生产率。但是，划分的模块并不是越多越好，因为这会增加模块之间接口的工作量。因此，划分模块的层次和数量应该避免过多或过少。

2) 抽象

在现实世界中，事物、状态或过程之间存在共性。把这些共性集中且概括起来，忽略它们之间的差异，这就是抽象。简言之，抽象就是抽出事物的本质特性而暂时不考虑它们的细节。在软件设计中，当考虑模块化解决方案时，可以指定多个抽象级别。抽象的层次从概要设计到详细设计逐步降低。在概要设计中的模块分层也是由抽象到具体逐步分析并构造出来的。

3) 信息隐蔽

信息隐蔽是指每个模块的实现细节对于其他模块来说是隐蔽的，也就是说，一个模块中包含的信息不允许其他模块直接访问。

4) 模块独立性

模块独立性是指每个模块只完成系统要求的独立功能，而模块之间无过多相互作用。这是评价模块设计好坏的重要标准。

模块独立性可由耦合性和内聚性两个标准来度量。耦合性表示不同模块之间联系的紧密程度，而内聚性表示同一模块内部各元素之间联系的紧密程度。

① 耦合性(Coupling)

耦合性是对软件结构内不同模块之间互联程度的度量。耦合性强弱取决于模块间接口的复杂程度、调用模块的方式以及通过接口的是哪些信息。一个模块与其他模块的耦合性越强，这个模块的独立性就越弱。

② 内聚性(Cohesion)

内聚性是对同一模块内部各个元素之间彼此结合的紧密程度的度量。内聚性从功能角度来度量模块之间的联系。简单地说，内聚理想的模块只完成一个子功能。内聚性是信息隐蔽和局部化概念的自然扩展。一个模块的内聚性越强，这个模块的独立性就越强。作为软件结构设计的原则，要求每个模块的内部都具有很强的内聚性，从而让模块的各个组成部分都彼此密切相关。

耦合性与内聚性是模块独立性的两个定性标准，它们是相互关联的。在程序结构中，各模块的内聚性越强，它们的耦合性越弱。一般来说，设计软件时应尽量做到高内聚、低耦合，也就是要减弱模块之间的耦合性并提高模块内部的内聚性，从而提高模块的独立性。

2. 结构化设计方法

结构化设计方法的要求是：在详细设计阶段，为了保证模块逻辑清楚，应要求所有的模块只使用单入口、单出口以及顺序、选择和循环 3 种控制结构。这样，不论一个程序包含多少个模块，也不论每个模块包含多少个基本的控制结构，整个程序仍将保持一条清晰的线索。

4.3.2　概要设计

软件概要设计的基本任务如下。

1. 设计软件系统结构

在需求分析阶段，已经把系统分解成层次结构；而在概要设计阶段，需要进一步分解，将软件划分为模块并设计模块的层次结构。

2. 数据结构及数据库设计

数据设计的任务是实现需求定义和规格说明中提出的数据对象的逻辑表示，具体包括确定输入输出数据的详细数据结构；结合算法设计，确定算法必需的逻辑数据结构及相关操作；确定逻辑数据结构必需的那些操作的程序模块，限制和确定各个数据设计决策的影响范围；当需要与操作系统或调度程序接口必需的控制表进行数据交换时，确定详细的数据结构和使用规则；进行数据的保护性设计——防卫性、一致性、冗余性设计。

3. 编写概要设计文档

在概要设计阶段，需要编写的文档包括概要设计说明书、数据库设计说明书、集成测试计划等。

4. 评审概要设计文档

在概要设计阶段，对于设计部分是否完整地实现了需求中规定的功能、性能等要求，设计方案的可行性，关键处理及内外部接口定义的正确性、有效性，以及各部分之间的一致性等，都需要进行评审，以免在后面的设计中因为出现大的问题而返工。

4.3.3　详细设计

在概要设计阶段，已经确定了软件系统的总体结构，给出了系统中各组成模块的功能以及模块间的联系；详细设计的任务，就是为软件系统的总体结构中的每个模块确定实现算法和局部数据结构，并使用某种选定的表达工具来表示算法和数据结构的细节。

下面介绍几种常用工具。

1. 程序流程图

程序流程图又称为程序框图，是软件开发者最为熟悉的一种算法描述工具，它的主要优点是：独立于任何一种程序设计语言，比较直观、清晰，易于学习并掌握。

在程序流程图中，常用的图形符号如图 4-2 所示。

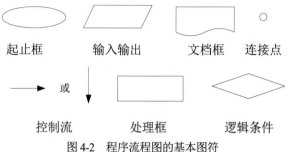

图 4-2　程序流程图的基本图符

程序流程图中的流程线用以指明程序的动态执行顺序。结构化程序设计限制程序流程图只能使用 5 种基本控制结构，如图 4-3 所示。

(1) 顺序结构反映了若干模块之间连续执行的顺序。

(2) 在选择结构中，由条件 P 的取值来决定执行两个模块中的哪一个。

(3) 在当型循环结构中，只有当条件 P 成立时才重复执行特定的模块(称为循环体)。

(4) 在直到型循环结构中，将重复执行某个特定的模块，直到条件 P 成立时才退出。

(5) 在多重选择结构中，将根据控制变量 P 的取值来决定执行多个模块中的哪一个。

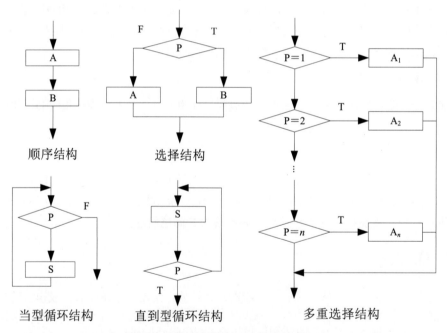

图 4-3　程序流程图的 5 种基本控制结构

通过对程序流程图的 5 种基本控制结构进行组合或嵌套，就可以构成任何复杂的程序流程图。

2. N-S 图

为了避免程序流程图在描述程序逻辑时的随意性与灵活性，1973 年，Nassi 和 Shneiderman 提出用方框图来代替传统的程序流程图，通常把这种图称为 N-S 图。N-S 图是一种不允许破坏结构化原则的图形算法描述工具，又称盒图。在 N-S 图中，去掉了程序流程图中容易引起麻烦的流程线,全部算法都被写在一个框内,每种基本结构也是一个框。N-S 图的 5 种基本控制结构如图 4-4 所示。

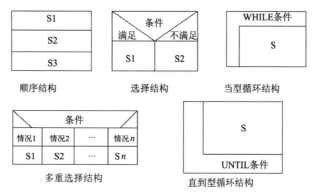

图 4-4   N-S 图的 5 种基本控制结构

N-S 图有以下几个基本特点:

(1) 功能域比较明确,这可以从 N-S 图的框中直接反映出来。

(2) 不能任意转移控制,符合结构化原则。

(3) 容易确定局部和全局数据的作用域。

(4) 容易表示嵌套关系,也可以表示模块的层次结构。

3. PDL

过程设计语言(Procedure Design Language,PDL)又称伪码或结构化语言,PDL 是一种混合语言,采用的语法类似于英语和结构化程序设计语言。

4.4   程序设计基础

详细设计阶段涉及使用具体的编程工具进行程序设计。本节主要介绍程序设计方法与风格、结构化程序设计和面向对象程序设计。

4.4.1   程序设计方法与风格

在程序设计中,除了良好的程序设计方法和技术,程序设计风格也很重要。程序设计风格是指编写程序时表现出的特点、习惯和逻辑思路。程序设计风格总体而言应该强调简单和清晰,程序必须是可以理解的。为了形成良好的程序设计风格,应注重和考虑下列因素。

1. 源程序要文档化

源程序在文档化时应考虑以下几点:

(1) 符号的命名。符号的名称应具有一定的实际含义,以便于理解程序。

(2) 程序注释。正确的注释能够帮助阅读者理解程序。

(3) 书写格式。为了使程序结构清晰、便于阅读,可在程序中利用空行、缩进等技巧,使程序层次分明,提高视觉效果。

2. 语句的结构

程序应该简洁易懂，语句在书写时应注意以下几点：

(1) 在一行内只写一条语句。

(2) 程序的编写要做到清晰第一，效率第二。

(3) 首先要求程序正确，然后再要求提高速度。

(4) 要进行模块化，并且模块功能要尽可能单一。

3. 输入输出

程序的输入输出格式应方便用户使用，程序能否被用户接受，往往取决于程序的输入输出风格。

4.4.2 结构化程序设计

由于软件危机的出现，人们开始研究程序设计方法，其中早期最受关注的是结构化程序设计，这种程序设计方法强调程序设计风格和程序结构的规范化。

1. 结构化程序设计的原则

结构化程序设计的原则可以概括为自顶向下、逐步求精、模块化、限制使用 GOTO 语句。

(1) 自顶向下。设计程序时，应先考虑总体，后考虑细节；先考虑全局目标，后考虑局部目标；先从最上层的总目标开始设计，逐步使问题具体化。

(2) 逐步求精。对复杂问题，可以设计一些子目标作为过渡，逐步细化。

(3) 模块化。先把总目标分解为分目标，再把分目标进一步分解为具体的小目标，每个小目标就是一个模块。

(4) 限制使用 GOTO 语句。结构化程序设计源自对 GOTO 语句的认识和争论。最终的结果证明，取消 GOTO 语句后，程序易理解、易排错、易维护，程序更容易进行正确性证明。

2. 结构化程序的基本结构

1966 年，Bohm 和 Jacopini 提出了结构化程序的 3 种基本结构——顺序结构、选择结构和循环结构，他们还证明了使用这 3 种基本结构可以构造出任何复杂结构的程序。

3. 结构化程序设计的实施

结构化程序设计在具体实施过程中，必须注意以下要点：

(1) 使用顺序、选择、循环等基本结构表示程序的控制流程。

(2) 选用的控制结构只允许有一个入口和一个出口。

(3) 将程序语句组织成容易识别的程序模块，每个模块只有一个入口和一个出口。

(4) 复杂结构可通过组合和嵌套基本控制结构来实现。

4.4.3 面向对象程序设计

1. 关于面向对象方法

随着软件形式化方法及新型软件的开发，传统软件开发方法的局限性逐渐暴露出来。传统软件开发方法是面向过程的，数据和处理过程的分离增加了软件开发的难度。同时，传统的软件工程方法难以支持软件重用。

由于存在上述缺陷，传统的软件开发技术已不能满足大型软件开发的要求，于是一种全新的软件开发技术应运而生，这就是面向对象程序设计(Object-Oriented Programming，OOP)。面向对象程序设计这一技术于 20 世纪 60 年代末提出，起源于 Smalltalk 语言。

面向对象方法的本质，就是主张从客观世界中固有的事物出发来构造系统，提倡使用人类在现实生活中常用的思维方法来认识、理解和描述客观事物，强调最终建立的系统中的对象以及对象之间的关系能够如实地反映问题域中固有的事物及其关系。

2. 面向对象方法的基本概念

面向对象方法以对象作为最基本的元素，对象是分析问题、解决问题的核心。对象与类是讨论面向对象方法时最基本、最重要的两个概念。

1) 对象(Object)

对象是客观事物或概念的抽象表述，不仅能表示具体的实体，还能表示抽象的规则、计划和事件。对象本身的性质称为属性(Attribute)，对象通过进行运算而展现出来的特定行为称为对象行为(Behavior)，将对象自身的属性及运算"包装起来"的过程称为"封装"(Encapsulation)。

2) 类(Class)

类又称为对象类(Object Class)，类是对具有相同属性和相同方法的对象的抽象，是一组具有相同数据结构和相同操作对象的集合。类是对象的模板，对象则是类的实例(Instance)。需要注意的是，当使用"对象"这个术语时，既可以指具体的对象，又可以泛指一般的对象，但是，当使用"实例"这个术语时，指的则是具体的对象。在类的定义中，数据称为属性，行为或操作称为方法。

3) 消息(Message)

消息是指对象之间在交互时传递的信息。消息使对象之间互相联系、协同工作，从而实现系统的各种服务。

消息包括以下三部分：
① 接收消息的对象的名称。
② 消息标识符(消息名)。
③ 零个或多个参数。

4) 继承(Inheritance)

继承是面向对象程序设计的主要特征之一。继承是使用已有类来创建新类的一种技术，也是一种在已有类(父类)和新类(子类)之间共享属性及方法定义的机制。在定义和实现新类时，可在已有类的基础上进行，把已有类的内容作为新类的内容，并在此基础上加入新的内容，这就是继承。

继承可分为单继承与多重继承。

- 单继承是指一个子类只有一个父类，因而子类只能继承一个父类的属性和方法。
- 多重继承是指一个子类可以有多个父类，因而子类可以继承多个父类的属性和方法。

继承允许相似的对象共享程序代码和数据结构，从而大大减少了程序中的冗余信息，提高了软件的可重用性，便于软件的修改和维护。另外，继承使得用户在开发新的应用系统时不必完全从零开始。

5) 多态性(Polymorphism)

多态性是指在将相同的方法(名称相同的方法)作用于不同的对象时可以获得不同的结果。在将执行相同操作的消息发给不同的对象时，每个对象将根据自己所属类中定义的方法来执行操作，从而产生不同的结果。

多态性允许每个对象以适合自身的方式响应共同的消息，这增强了操作的透明性、可理解性和可维护性。

4.5 软件测试及调试

软件测试是保证软件质量的重要手段，贯穿软件的整个生存周期，包括需求定义阶段的需求测试、编码阶段的单元测试、集成测试以及后期的确认测试、系统测试，目的是验证软件是否合格、能否交付用户使用等。

4.5.1 软件测试的目的

关于软件测试的目的，Glenford J. Myers 在 *The Art of Software Testing* 一书中给出了深刻的阐述：

(1) 软件测试是为了发现错误而执行程序的过程。

(2) 好的测试用例很可能找到迄今为止尚未发现的错误。

(3) 一次成功的测试往往能够发现至今尚未发现的错误。Myers 告诉了人们测试要以查找错误为中心，而不是为了演示软件的正确功能。因此，软件测试的目的是尽可能多地发现错误和缺陷。

4.5.2 软件测试的技术和方法

软件测试的技术和方法是多种多样的，可从不同的角度加以分类。从是否需要执行被测软件的角度，可分为静态测试和动态测试方法；从功能的角度，则可分为白盒测试和黑盒测试。

1. 静态测试和动态测试

1) 静态测试

静态测试是指不运行被测程序本身，而仅通过分析或检查源程序的语法、结构、过程、接口等来检查程序的正确性。静态测试包括代码检查、静态结构分析、代码质量度量等，静态测试可以人工进行，从而充分发挥人的逻辑思维优势，也可以借助软件工具自动进行。

2) 动态测试

动态测试是指通过运行被测程序来检查运行结果与预期结果之间的差异，并分析运行效率和健壮性等性能指标，这种方法由三部分组成：构造测试用例、执行程序、分析程序的输出结果。

测试是否能够发现错误取决于测试用例的设计。

2. 白盒测试与黑盒测试

1) 白盒测试

白盒测试主要对软件的过程性细节做细致检查。白盒测试把测试对象看作打开的盒子，允许测试人员利用程序内部的逻辑结构及有关信息，设计或选择测试用例，并对程序的所有逻辑路径进行测试。通过在不同点检查程序的状态，确定实际状态是否与预期状态一致。因此，白盒测试又称为结构测试或逻辑驱动测试。

白盒测试的主要方法有逻辑覆盖、基本路径测试等。

2) 黑盒测试

黑盒测试又称功能测试，目的是通过测试来检测每个功能是否都能正常使用。黑盒测试把测试对象看作不能打开的黑盒子，在完全不考虑程序内部结构和内部特性的情况下，对程序接口进行测试，这种测试只检查程序的功能是否能够按照需求规格说明书的规定正常使用，还检查程序是否能适当地接收输入数据以产生正确的输出信息。黑盒测试着眼于程序外部特性，不考虑内部逻辑结构，主要针对软件界面和软件功能进行测试。

在使用黑盒测试发现程序中的错误时，必须在所有可能的输入条件和输出条件中确定测试数据，并检查程序是否都能产生正确的输出。

黑盒测试的主要方法有等价类划分法、边界值分析法、错误推测法等。

4.5.3 软件测试的实施

软件测试是保证软件质量的重要手段，软件测试一般按 4 个步骤来实施：单元测试、集成测试、确认测试(验收测试)和系统测试。

1. 单元测试

单元测试又称模块测试，单元测试的目的是发现各模块内部可能存在的错误。单元测试的依据是详细设计说明书和源程序。单元测试的方法主要包括静态测试和动态测试。动态测试通常以白盒测试为主、黑盒测试为辅。

2. 集成测试

集成测试是在单元测试的基础上，为了将所有模块按照设计要求组装成完整的系统而进行的测试。由于是在将模块按照设计要求组装起来的同时进行测试，因此集成测试也叫联合测试或组装测试，测试的主要目标是发现与接口有关的错误。集成测试的依据是概要设计说明书，测试方法以黑盒测试为主。

3. 确认测试

确认测试的任务是验证软件的功能、性能及其他特性是否满足需求规格说明书中确定的各种需求，以及检查软件配置是否完全、正确。

4. 系统测试

系统测试是指将通过测试确认的软件，作为整个基于计算机系统的元素，与计算机硬件、外部设备、支持软件、数据和人员等其他系统元素组合在一起，在实际运行(使用)环境下对计算机系统进行的一系列集成测试和确认测试。由此可知，系统测试必须在目标环境下进行，作用主要在于评估系统环境下软件的性能，并发现和捕捉软件中潜在的错误。

4.5.4　程序的调试

在对程序进行成功的测试之后，接下来便进入程序的调试(又称排错)阶段。程序调试的任务是诊断和改正程序中的错误。由程序调试的概念可知，程序的调试活动由两部分组成：其一，根据错误的迹象确定程序中错误的确切性质、原因和位置；其二，对程序进行修改，排除错误。

4.6　习题与解答

选择题

1. 软件是指(　　)。
   A. 程序　　　　　　　　　　　　B. 程序和文档
   C. 算法加数据结构　　　　　　　D. 程序、数据和相关文档的集合
   答案：D

2. 软件按功能可以分为应用软件、系统软件和支撑软件(或工具软件)。下面属于应用软件的是(　　)。
   A. 编译程序　　　B. 操作系统　　　C. 教务管理系统　　　D. 汇编程序
   答案：C

3. 下列选项中不属于软件生存周期中开发阶段任务的是(　　)。
   A. 软件测试　　　B. 概要设计　　　C. 软件维护　　　　D. 详细设计
   答案：C
   分析：软件的生存周期分为软件定义、软件开发及软件运行3个阶段。

4. 在软件开发中，需求分析阶段产生的主要文档是(　　)。
   A. 可行性分析报告　　　　　　　B. 软件需求规格说明书
   C. 概要设计说明书　　　　　　　D. 集成测试计划
   答案：B
   分析：需求分析的目的是形成软件需求规格说明书。

5. 在软件开发中，可在需求分析阶段使用的工具是(　　)。
   A. N-S 图　　　B. DFD 图　　　C. PDL 语言　　　D. 程序流程图
   答案：B
   分析：需求分析方法有两种——结构化分析方法和面向对象分析方法。结构化分析方法以数据流图(Data Flow Diagram，DFD)和数据字典(Data Dictionary，DD)为主要工具，建立系统的逻辑模型。

6. 从工程管理角度看，软件设计一般分为两步完成，它们是(　　)。

    A. 概要设计与详细设计　　　　　　B. 数据设计与接口设计

    C. 软件结构设计与数据设计　　　　D. 过程设计与数据设计

    答案：A

7. 程序流程图中含有箭头的线段表示的是(　　)。

    A. 图元关系　　　　B. 数据流　　　　C. 控制流　　　　D. 调用关系

    答案：C

8. 在软件设计中，模块划分应遵循的原则是(　　)。

    A. 低内聚、低耦合　　　　　　　　B. 高内聚、低耦合

    C. 低内聚、高耦合　　　　　　　　D. 高内聚、高耦合

    答案：B

9. 下列叙述中不符合良好程序设计风格的是(　　)。

    A. 程序的效率第一，清晰第二　　　B. 程序的可读性好

    C. 程序中含有必要的注释　　　　　D. 在输入数据前要有提示信息

    答案：A

10. 下列选项中不属于结构化程序设计方法的是(　　)。

    A. 自顶向下　　　B. 逐步求精　　　C. 模块化　　　D. 可复用

    答案：D

分析：结构化程序设计的原则是自顶向下、逐步求精、模块化、限制使用 GOTO 语句。

11. 下列选项中不符合良好程序设计风格的是(　　)。

    A. 源程序要文档化　　　　　　　　B. 数据说明的次序要规范化

    C. 避免滥用 GOTO 语句　　　　　　D. 模块设计要保证高耦合、高内聚

    答案：D

12. 在面向对象方法中，实现信息隐蔽是依靠(　　)。

    A. 对象的继承　　　　　　　　　　B. 对象的多态

    C. 对象的封装　　　　　　　　　　D. 对象的分类

    答案：C

13. 下列叙述中正确的是(　　)。

    A. 软件测试的主要目的是发现程序中的错误

    B. 软件测试的主要目的是确定程序中产生错误的位置

    C. 为了提高软件测试的效率，最好由程序编写者自己完成软件的测试工作

    D. 软件测试是证明软件没有错误

    答案：A

14. 进行程序调试的目的是(　　)。

    A. 发现错误　　　　　　　　　　　B. 改正错误

    C. 改善软件的性能　　　　　　　　D. 验证软件的正确性

    答案：B

分析：进行程序调试的任务是诊断和改正程序中的错误。

第5章　数据库基础

数据库技术是研究数据库的结构、存储、设计和使用的一门软件学科，也是计算机领域的一个重要分支。在计算机应用的三大领域(科学计算、数据处理和过程控制)中，数据处理约占其中的70%，而数据库技术就是作为一门数据处理技术发展起来的。

5.1　数据库系统的基本概念

近年来，数据库在计算机应用中的地位与作用日益重要，不仅在商业、事务处理中占据主导地位，还在多媒体领域、统计领域以及智能化应用领域中占有重要的地位。随着网络应用的普及，数据库在网络中的应用也日渐重要。因此，数据库已成为构建计算机应用系统的十分重要的支持性软件。

5.1.1　数据、数据库、数据库管理系统

1. 数据

数据(Data)是载荷或记录信息的按一定规则排列组合的物理符号。

在计算机科学中，数据是指所有能输入计算机并被计算机程序处理的，具有一定意义的数字、字母、符号等。

计算机中的数据分为瞬时性(Transient)数据和持久性(Persistent)数据。数据库系统中处理的是持久性数据。

2. 数据库

数据库(Database，DB)是长期存储在计算机中的、有组织的、能够共享和统一管理的数据集合。数据库具有以下特点：

(1) 数据按一定的数据模式组织、描述和存储。

(2) 可以为各种用户服务。

(3) 冗余度小。

(4) 数据独立性高。

(5) 易扩展。

3. 数据库管理系统

数据库管理系统(Database Management System，DBMS)是一种操纵和管理数据库的大型软件，用于建立、使用和维护数据库，是数据库系统的核心组成部分。数据库管理系统负责数据库中的数据组织、数据操纵、数据维护、控制及保护和数据服务等。为完成上述功能，数据库管理系统提供了相应的数据语言(Data Language)。

- 数据定义语言(Data Definition Language，DDL)：负责数据的模式定义与数据的物理存取。

- 数据操纵语言(Data Manipulation Language，DML)：负责数据的操纵，包括增、删、改、查等操作。
- 数据控制语言(Data Control Language，DCL)：负责数据完整性、安全性的定义与检查以及并发控制、故障修复等功能。

4. 数据库管理员

数据库管理员(Database Administrator，DBA)是专门对数据库的规划、设计、维护、监视等工作进行管理的人员。

5. 数据库系统

数据库系统(Database System，DBS)是以数据库为核心的完整的运行实体，由数据库、数据库管理系统、数据库管理员、硬件平台、软件平台组成。

6. 数据库应用系统

数据库应用系统(Database Application System，DBAS)是在数据库管理系统(DBMS)的支持下建立的计算机应用系统。数据库应用系统是由数据库系统、应用程序系统、用户组成的。具体包括数据库、数据库管理系统、数据库管理员、硬件平台、软件平台、应用软件、应用界面等。

5.1.2　数据库系统的发展

数据管理发展至今已经历 3 个阶段：人工管理阶段、文件系统阶段和数据库系统阶段。

1. 人工管理阶段

数据的人工管理阶段是在 20 世纪 50 年代中期以前，主要用于科学计算。当时在硬件方面无磁盘，软件方面没有操作系统，靠人工管理数据。

2. 文件系统阶段

20 世纪 50 年代后期到 20 世纪 60 年代中期，数据管理进入文件系统阶段。文件系统是数据库系统发展的初级阶段，它提供了简单的数据共享与数据管理能力，但是它无法提供完整的、统一的管理和数据共享能力。由于功能简单，因此文件系统附属于操作系统而不能成为独立的软件。

3. 数据库系统阶段

20 世纪 60 年代之后，数据管理进入数据库系统阶段。随着计算机应用领域不断扩大，数据库系统的功能和应用范围也越来越广，目前已成为计算机系统的基本支撑软件。

从 20 世纪 60 年代末期起，真正的数据库系统——层次数据库与网状数据库开始发展，它们为统一管理与共享数据提供了有力支撑，这一时期数据库系统蓬勃发展形成了有名的"数据库时代"。但是这两种系统也存在不足，主要是它们脱胎于文件系统，受文件系统的影响较大，对数据库使用带来诸多不便，同时，此类系统数据模式的构造较烦琐不易于推广应用。

关系数据库系统出现于 20 世纪 70 年代，在 20 世纪 80 年代得到蓬勃发展，并逐渐取代前两种系统。关系数据库系统结构简单、使用方便、逻辑性强，因此在 20 世纪 80 年代以后一直占据数据库领域的主导地位。

5.1.3 数据库系统的主要特点

数据库技术是在文件系统的基础上发展而来的，两者都以数据文件的形式组织数据，但由于数据库系统在文件系统之上加入了DBMS以对数据进行管理，从而使得数据库系统具有以下特点。

1. 数据集成性

数据库系统的数据集成性主要体现在如下几个方面。

(1) 在数据库系统中采用统一的数据结构方式，如在关系数据库中采用二维表作为统一结构方式。

(2) 在数据库系统中按照多个应用的需要组织全局的、统一的数据结构(也就是数据模式)。数据模式不仅可以建立全局的数据结构，还可以建立数据间的语义联系，从而构成内在联系紧密的数据整体。

(3) 数据库系统中的数据模式是多个应用共同的、全局的数据结构，而每个应用的数据则是全局结构中的一部分，称为局部结构(也就是视图)，这种全局与局部的结构模式构成了数据库系统数据集成性的主要特征。

2. 数据的高共享性与低冗余性

数据集成性使得数据可为多个应用共享，特别是在网络发达的今天，数据库与网络的结合扩大了数据共享的应用范围。数据共享可极大地减少数据冗余性，不仅减少了不必要的存储空间，更为重要的是可以避免数据的不一致性。所谓数据的一致性，是指在系统中同一数据的不同存储副本应保持相同的值；而数据的不一致性指的是同一数据在系统中的不同存储副本的取值不同。因此，减少冗余是避免数据不一致性的基础。

3. 数据独立性

数据独立性是指数据与应用程序间的互不依赖性，因而应用程序独立于数据库中的数据结构。也就是说，数据的逻辑结构、存储结构与存取方式的改变不会影响应用程序。

数据独立性一般分为物理独立性与逻辑独立性两种：

(1) 物理独立性：数据的物理结构(包括存储结构、存取方式等)的改变，如存储设备的更换、物理存储方式的变化、存取方式的改变等，都不会影响数据库的逻辑结构，从而不致引起应用程序的变化。

(2) 逻辑独立性：数据库总体逻辑结构的改变，如修改数据模式、增加新的数据类型、改变数据间的联系等，不需要相应地修改应用程序，这就是数据的逻辑独立性。

5.1.4 数据库的体系结构

数据库的体系结构分为三级，又称为三级模式——内模式、概念模式和外模式。数据库的三级体系结构是数据的3个抽象级别，并通过把数据的具体组织留给DBMS来管理，使用户能抽象地处理数据，而不必关心数据在计算机中的表示和存储。这三级结构之间差别很大，为实现这 3 个抽象级别的转换，DBMS 在这三级结构之间提供了两种映射——外模式到概念模式的映射以及概念模式到内模式的映射，如图 5-1 所示。

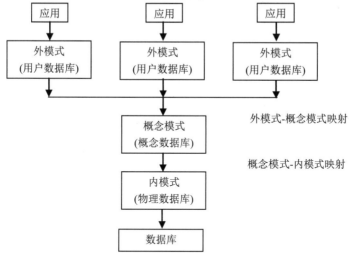

图 5-1　三级模式及两种映射关系示意图

1. 数据库系统的三级模式

数据模式是数据库系统中数据结构的一种表示形式，具有不同的层次与结构方式。

(1) 概念模式。概念模式(Conceptual Schema)是数据库系统中全局数据逻辑结构的描述，是全体用户(应用)的公共数据视图。此种描述是一种抽象的描述，不涉及具体的硬件环境与平台，也与具体的软件环境无关。

概念模式主要描述数据的概念记录类型以及它们之间的关系，它还包括一些数据间的语义约束，对概念模式的描述可用 DBMS 中的 DDL 语言来定义。

(2) 外模式。外模式(External Schema)又称子模式(Subschema)或用户模式(User's Schema)。外模式是用户的数据视图，也就是用户看到的数据模式，由概念模式推导得出。概念模式给出了系统的全局数据描述，而外模式则给出了每个用户的局部数据描述。一个概念模式可以有若干外模式，每个用户仅关心与其有关的模式，这样不仅可以屏蔽大量无关信息，还有利于数据保护。

(3) 内模式。内模式(Internal Schema)又称物理模式(Physical Schema)，内模式给出了数据库的物理存储结构与物理存取方法。内模式对一般用户是透明的，但内模式的设计直接影响数据库的性能。内模式给出了数据库的数据框架结构，数据是数据库中真正的实体，但这些数据必须按框架中描述的结构来组织。

以概念模式为框架组成的数据库叫作概念数据库(Conceptual Database)，以外模式为框架组成的数据库叫作用户数据库(User's Database)，以内模式为框架组成的数据库叫作物理数据库(Physical Database)。在这三种数据库中，只有物理数据库是真实存在于计算机中的，其他两种数据库并不真正存在于计算机中，而是通过两种映射由物理数据库映射而成。

模式的 3 个级别反映了模式的 3 个不同环境以及它们的不同要求，其中内模式处于最底层，反映了数据在计算机物理结构中的实际存储形式；概念模式处于中间层，反映了设计者对数据的全局逻辑要求；而外模式处于最外层，反映了用户对数据的要求。

2. 数据库系统的两级映射

数据库通过两级映射建立了模式间的联系与转换，使得概念模式与外模式虽然并不具备物理存在，但也能通过映射来获得实体。此外，两级映射保证了数据库系统中数据的独立性，数据的物理组织改变与逻辑概念级改变相互独立，使得只需要调整映射方式而不必改变用户模式。

(1) 概念模式到内模式的映射。这种映射给出了概念模式中数据的全局逻辑结构到数据的物理存储结构间的对应关系，此种映射一般由 DBMS 实现。

(2) 外模式到概念模式的映射。概念模式是全局模式，而外模式是用户的局部模式。一个概念模式中可以定义多个外模式，而每个外模式则是概念模式的一个基本视图。外模式到概念模式的映射给出了外模式与概念模式的对应关系，这种映射一般也由 DBMS 实现。

5.2　数据模型

5.2.1　数据模型的基本概念

数据模型(Data Model)是数据特征的抽象。数据模型描述的内容包括三部分：数据结构、数据操作、数据约束。

(1) 数据结构：数据模型中的数据结构主要描述数据的类型、内容、性质以及数据间的联系等。

(2) 数据操作：数据模型中的数据操作主要描述基于相应数据结构的操作类型和操作方式。

(3) 数据约束：数据模型中的数据约束主要描述数据结构内数据间的语法、词义联系以及它们之间的制约和依存关系。此外，还描述了数据动态变化的规则，以保证数据的正确、有效、相容。

数据模型按不同的应用层次分成 3 种类型：概念数据模型(Conceptual Data Model)、逻辑数据模型(Logic Data Model)、物理数据模型(Physical Data Model)。

概念数据模型又称概念模型，是一种面向客观世界和用户的模型；这种模型不仅与具体的数据库管理系统无关，还与具体的计算机平台无关。概念模型着重于客观世界中复杂事物的结构描述以及它们之间内在联系的刻画。概念模型是整个数据模型的基础。目前，较为常用的概念模型有 E-R 模型、扩展的 E-R 模型、面向对象模型、谓词模型等。

逻辑数据模型又称逻辑模型，是一种面向数据库系统的模型，逻辑模型着重于数据库系统一级的实现。概念模型只有在转换成数据模型后才能在数据库中得以表示。目前，逻辑模型也有很多种，较为成熟并先后被人们大量使用过的有层次模型、网状模型、关系模型、面向对象模型等。

物理数据模型又称物理模型，是一种面向计算机物理表示的模型，物理模型给出了数据模型关于计算机物理结构的表示。

5.2.2　E-R 模型

概念模型是面向现实世界的，它的出发点是为了有效和自然地模拟现实世界，给出数据的概念化结构。长期以来被广泛使用的概念模型是 E-R 模型(Entity-Relationship Model，实体联系模型)，这种模型于 1976 年由 Peter Chen 首先提出。E-R 模型将现实世界中的要求转换成实体、属性、关系以及它们之间的两种基本连接关系，并且可以用一种图形直观地表示出来。

1. E-R 模型的基本概念

1) 实体

现实世界中的事物可以抽象为实体。实体是概念世界中的基本单位，它们是客观存在且又能相互区别的事物。凡是有共性的实体都可以组成一个集合，称为实体集(Entity Set)，如学生张三、学生李四是实体，他们都属于学生实体集。

2) 属性

现实世界中的事物都有一些特性，这些特性可以用属性来表示。属性刻画了实体的特征。一个实体往往可以有若干属性。每个属性可以有值，属性的取值范围被称为属性的域。

3) 关系

现实世界中事物之间的关联称为关系。概念世界中的关系反映了实体集之间存在一定的关联，如教师与学生之间的教学关系，父亲与儿子之间的父子关系，卖方与买方之间的供求关系等。

两个实体集之间的关系实际上是一种函数关系，这种函数关系有以下几种。

- 一对一(One to One)关系，简记为 $1:1$。这是最常见的函数关系，如班级与班长的关系——一个班级与一名班长相互一一对应。
- 一对多(One to Many)或多对一(Many to One)关系，简记为 $1:M(1:m)$ 或 $M:1(m:1)$。它们实际上是一种函数关系，如学生与班级间就是多对一关系(反之，则为一对多关系)——多名学生对应一个班级。
- 多对多(Many to Many)关系，简记为 $M:N$ 或 $m:n$。这是一种较为复杂的函数关系，如教师与学生间就是多对多关系，因为一位教师可以教授多名学生，而一名学生又可以受教于多位教师。

2. 实体、属性、关系之间的连接关系

E-R 模型由实体、属性、关系 3 个基本要素组成，这三者结合起来才能表示现实世界。

3. E-R 模型的图示法

E-R 模型可以用一种非常直观的图形来表示，这种图形称为 E-R 图。在 E-R 图中，可分别使用不同的几何图形来表示 E-R 模型中的实体、属性、关系以及它们之间的连接关系。

1) 实体集表示法

在 E-R 图中，可用矩形表示实体集，实体集的名称则写在矩形内，学生实体集可用图 5-2 表示。

2) 属性表示法

在 E-R 图中，可用椭圆形表示属性，属性的名称则写在椭圆形内，学生都有的"学号"属性可用图 5-3 表示。

3) 关系表示法

在 E-R 图中，可用菱形(内写关系名)表示关系，学生与课程间的选课关系可用图 5-4 表示。

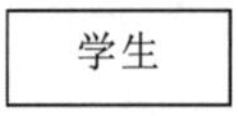

图 5-2 实体集表示法 　　　　图 5-3 属性表示法 　　　　图 5-4 关系表示法

4) 实体集(关系)与属性间的连接关系

属性依附于实体集,因此它们之间有连接关系。在 E-R 图中,这种关系可用连接了两个图形的无向线段来表示(一般情况下可用直线)。例如,实体集"学生"有属性"学号""姓名"及"年龄",实体集"课程"有属性"课程号""课程名"及"预修课号",此时它们之间的连接关系可用图 5-5 表示。

图 5-5 实体集与属性间的连接关系

属性还依附于关系,它们之间也有连接关系,因此也可用无向线段表示。例如,关系"选课"可与学生的"成绩"属性建立连接并用图 5-6 表示。

图 5-6 关系与属性间的连接关系

5) 实体集与关系间的连接关系

在 E-R 图中,实体集与关系间的连接关系可用连接了两个图形的无向线段来表示。例如,实体集"学生"与关系"选课"间有连接关系,实体集"课程"与关系"选课"间也有连接关系,因此它们之间可用无向线段相连,如图 5-7 所示。

为了进一步刻画实体间的函数关系,可在线段的旁边注明对应的函数关系,如图 5-8 所示。

图 5-7 实体集与关系间的连接关系　　　　图 5-8 实体集间关系的表示

使用矩形、椭圆形、菱形以及按一定要求相互连接的线段,即可构成一个完整的 E-R 图。

例 5-1:使用前面所述的实体集"学生"与"课程"以及依附于它们的属性,再加上关系"选课"的属性"成绩",即可构成学生与课程之间关系的概念模型,此概念模型可用图 5-9 所示的 E-R 图来表示。

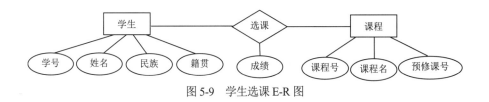

图 5-9　学生选课 E-R 图

5.2.3　层次模型

层次模型(Hierarchical Model)是最早发展起来的数据库模型。层次模型的基本结构是树状结构，这种结构在现实世界中很普遍，如家族结构、行政组织机构等，这些结构自顶向下、层次分明，图 5-10 展示的是某学院的组织机构图。

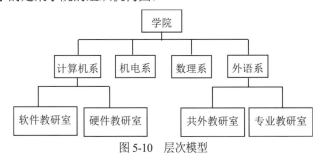

图 5-10　层次模型

5.2.4　网状模型

网状模型(Network Model)的出现略晚于层次模型。网状模型在结构上较层次模型好，不像层次模型那样还要满足严格的条件，如图 5-11 所示。与层次模型不同的是，网状模型的节点可以和其他任意节点连接。

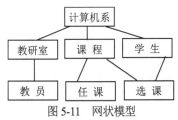

图 5-11　网状模型

5.2.5　关系模型

关系模型采用二维表来表示，简称表。二维表由表框架(Frame)及表的元组(Tuple)组成。表框架由 n 个命名的属性组成，n 称为属性元数(Arity)。每个属性都有相应的取值范围，称为值域(Domain)。

在表框架中，数据是按行存放的，每一行数据称为一个元组，实际上，一个元组是由 n 个元组分量组成的，每个元组分量是元组中对应属性的值。一个表框架可以存放 m 个元组，m 称为二维表的基数(Cardinality)。

二维表一般满足如下 7 个性质。

(1) 在二维表中，元组的个数是有限的——元组个数有限性。

(2) 二维表中的元组均不相同——元组的唯一性。

(3) 在二维表中，元组的次序可以任意交换——元组的次序无关性。

(4) 在二维表中，元组分量是不可分割的基本数据项——元组分量的原子性。

(5) 二维表中的属性名各不相同——属性名唯一性。

(6) 二维表中的属性与次序无关，可任意交换——属性的次序无关性。

(7) 在二维表中，属性的分量具有与同一属性相同的值域——分量值域的同一性。

满足以上 7 个性质的二维表称为关系(Relation)，以二维表为基本结构建立的模型称为关系模型。

关系模型中的一个重要概念是键(Key)或码。键具有标识元组、建立元组间联系等重要作用。在二维表中，凡能唯一标识元组的最小属性集称为二维表的键或码。

二维表可能有若干键，它们称为二维表的候选码或候选键(Candidate Key)。可从二维表的所有候选键中选取一个作为用户使用的键，称为主键(Primary Key)或主码，主键也可简称为键或码。

如果二维表 R 中的某个属性集是二维表 S 的键，就称这个属性集为 R 的外键(Foreign Key)或外码。二维表中一定要有键，因为如果二维表中所有属性的子集都不是键，那么二维表中属性的全集必为键(称为全键)，因此也一定有主键。

关系框架与关系元组构成了关系。语义相关的关系集合则构成了关系数据库(Relational Database)。关系框架称为关系模式，而语义相关的关系模式的集合则构成了关系数据库模式(Relational Database Schema)。

关系模式支持子模式，关系子模式是用户在关系数据库模式中看到的有关数据模式描述的部分。关系子模式也是二维表，对应的用户数据库称为视图(View)。

5.3 关系代数

关系数据库系统的特点之一就在于建立在数学理论的基础之上。有很多数学理论可以表示关系模型的数据操作，其中最为著名的是关系代数(Relational Algebra)与关系演算(Relational Calculus)。人们已从数学的角度证明它们在功能上是等价的。下面主要介绍关系代数，它是关系数据库系统的理论基础。

5.3.1 关系模型的基本操作

关系是由若干不同的元组组成的，因此关系可看作元组的集合。n 元关系是一个 n 元有序组的集合。设有 n 元关系 R，它有 n 个域，分别是 D_1、D_2、$\cdots$、D_n。此时，它们的笛卡儿积是：

$$D_1 \times D_2 \times \cdots \times D_n$$

这个集合中的每个元素都是具有如下形式的 n 元有序组：

$$(d_1, d_2, \cdots, d_n),\ d_i \in D_i,\ (i = 1, 2, \cdots, n)$$

这个集合与 n 元关系 R 具有如下关系：

$$R \subseteq D_1 \times D_2 \times \cdots \times D_n$$

也就是说，n 元关系 R 是 n 元有序组的集合。

关系模型支持插入、删除、修改、查询 4 种操作，它们又可以进一步分解成 6 种基本操作。

(1) 关系的属性的指定。指定关系内的某些属性，用于确定关系的列，它们主要用于检索或定位。

(2) 关系的元组的选择。使用一个逻辑表达式给出关系中满足这个逻辑表达式的元组，用于确定关系的行，它们也主要用于检索或定位。

使用上述两种操作即可确定二维表中满足一定行列要求的数据。

(3) 关系的合并。通过将若干关系合并成一个关系，可进行多个关系间的检索与定位。

使用上述 3 种操作可以进行多个关系的定位。

(4) 关系的查询。在一个关系中或多个关系间进行查询，查询的结果也是关系。

(5) 关系元组的插入。在关系中添加一些元组，用于完成插入与修改任务。

(6) 关系元组的删除。在关系中删除一些元组，用于完成删除与修改任务。

5.3.2　关系的基本运算

由于操作是对关系所做的运算，而关系是有序组的集合；因此，可以将操作看成集合之间的运算。

1. 插入

设有关系 R 需要插入若干元组，将想要插入的元组组成关系 S，则插入可用集合的并运算可表示为：

$$R \cup S$$

2. 删除

设有关系 R 需要删除若干元组，将想要删除的元组组成关系 S，则删除可用集合的差运算可表示为：

$$R - S$$

3. 修改

当修改关系 R 中的元组时，可执行以下步骤：

(1) 设需要修改的元组构成了关系 S，先执行删除操作，得到如下结果：

$$R - S$$

(2) 设修改后的元组构成了关系 T，此时将关系 T 插入即可得到如下结果：

$$(R - S) \cup T$$

4. 查询

用于查询的 3 个操作无法用传统的集合运算表示，为此，需要引入一些新的运算。

1) 投影(Projection)运算

关系 R 通过投影运算(并由该运算给出指定的属性)后变为关系 S。S 是由 R 中的投影运算指出的那些属性列组成的关系。设 R 有 n 个属性 A_1、A_2、$\cdots$、A_n，在 R 上对属性 A_{i_1}、A_{i_2}、$\cdots$、A_{i_m} ($A_{i_j} \in \{A_1, A_2, \cdots, A_n\}$)的投影可表示成下面的一元运算：

$$\Pi_{A_{i1},A_{i2},\cdots A_{im}}(R)$$

2) 选择(Selection)运算

关系 R 通过选择运算(并由该运算给出选择的逻辑条件)后仍为一个关系，这个关系是由 R 中满足逻辑条件的那些元组组成的。设关系的逻辑条件为 F，则 R 满足 F 的选择运算可表示为：

$$\sigma_F(R)$$

其中，逻辑条件 F 是一个逻辑表达式。

3) 笛卡儿积(Cartesian Product)运算

两个关系的合并操作可以用笛卡儿积表示。设有 n 元关系 R 及 m 元关系 S，它们分别有 p、q 个元组，则关系 R 与 S 的笛卡儿积记为 $R \times S$，这是一个 $n+m$ 元关系，元组个数是 $p \times q$，由 R 与 S 的有序组组合而成。

图 5-12 给出了关系 R 和 S 的实例以及 R 与 S 的笛卡儿积 $T = R \times S$。

R

R1	R2	R3
a	b	c
d	e	f

S

S1	S2	S3
j	k	l
m	n	o

$T = R \times S$

R1	R2	R3	S1	S2	S3
a	b	c	j	k	l
a	b	c	m	n	o
d	e	f	j	k	l
d	e	f	m	n	o

图 5-12　关系 R 和 S 以及 $R \times S$

5.3.3　关系代数的扩展运算

在关系代数中，除了上述几种最基本的运算，为了操纵方便，仍需要添加一些运算，这些运算均可由基本运算导出。常用的扩展运算有交、除、连接、自然连接等。

1. 交(Intersection)运算

关系 R 与 S 经交运算后得到的关系是由那些既在 R 内又在 S 内的元组组成的，记为 $R \cap S$。图 5-13 给出了关系 R 与 S 以及它们经交运算后得到的关系 T。

$$R \cap S = R - (R - S)$$

R			
A	B	C	D
1	2	3	4
8	6	9	3

S			
A	B	C	D
2	5	0	6
1	2	3	4

$T=R \cap S$			
A	B	C	D
1	2	3	4

图 5-13　关系 R 和 S 以及 $R \cap S$

2. 除(Division)运算

如果将笛卡儿积运算看作乘运算的话，那么除运算就是它的逆运算。当关系 $T=R×S$ 时，可将除运算写为：

$$T÷R = S \text{ 或 } T/R = S$$

S 被称为 T 除以 R 的商(Quotient)。

由于采用了逆运算，因此除运算的执行需要满足一定的条件。设有关系 T、R，则 T 能被 R 除的充分必要条件是：T 中包含 R 的所有属性，并且 T 中有一些属性不出现在 R 中。

在除运算中，S 的属性由 T 中那些不出现在 R 中的属性组成。对于 S 中的任意元组，由它与关系 R 中的每个元组构成的元组均出现在关系 T 中。

图 5-14 不仅给出了关系 T 及一组 R，而且针对这组不同的 R 给出了经除运算后得到的商 S。

T			
A	B	C	D
m	n	1	2
x	y	3	4
x	y	1	2
m	n	3	4
m	n	5	6

R_1	
C	D
1	2
3	4

R_2	
C	D
1	2

R_3	
C	D
1	2
3	4
5	6

S_1	
A	B
m	n
x	y

S_2	
A	B
m	n
x	y

S_3	
A	B
m	n

图 5-14　除运算

3. 连接(Join)与自然连接(Natural Join)运算

连接运算又称为 θ 连接运算，这是一种二元运算。设有关系 R、S 以及比较式 $i\theta j$，其中 i 为 R 中的属性，j 为 S 中的属性。可以将 R、S 在属性 i、j 上的 θ 连接记为：

$$R \underset{i\theta j}{\bowtie} S$$

具体含义可用下式定义:

$$R \underset{i\theta j}{\bowtie} S = \sigma_{i\theta j}(R \times S)$$

在 θ 连接中,如果 θ 为=,就称 θ 连接为等值连接,否则称 θ 连接为不等值连接;如果 θ 为<,就称 θ 连接为小于连接;如果 θ 为>,就称 θ 连接为大于连接。

在实际应用中,最常用的连接是自然连接,自然连接将在等值连接的基础上去掉重复的属性列。在进行自然连接时,需要满足下面的条件:

(1) 两个关系间有公共属性。

(2) 可通过对应值相等的公共属性进行连接。

设有关系 R、S,R 有属性 A_1、A_2、$\cdots$、A_n,S 有属性 B_1、B_2、$\cdots$、B_m,并且 A_{i_1}、A_{i_2}、$\cdots$、A_{i_j} 与 B_1、B_2、$\cdots$、B_j 分别为相同的属性,此时它们的自然连接可记为:

$$R \bowtie S$$

具体含义可用下式表示:

$$R \bowtie S = \Pi_{A_1,A_2,\cdots,A_n,B_{j+1},\cdots,B_m}(\sigma_{A_{i_1}=B_1 \wedge A_{i_2}=B_2 \wedge \cdots \wedge A_{i_j}=B_j}(R \times S))$$

设关系 R、S 分别如图 5-15(a)和图 5-15(b)所示,那么关系 $T=R \bowtie S$ 如图 5-15(c)所示。

R			
A	B	C	D
1	2	4	5
2	4	2	6
3	1	4	7

S	
D	E
8	6
6	5
7	2

T				
A	B	C	D	E
2	4	2	6	5
3	1	4	7	2

(a)　　　　　　　　(b)　　　　　　　　(c)

图 5-15　关系 R 和 S 以及 $T=R \bowtie S$

在以上运算中,最常用的是投影运算、选择运算、自然连接运算、并运算及差运算。

5.4　数据库设计

数据库设计(Database Design)是指对于给定的应用环境,构造最优的数据库模式,建立数据库及其应用系统,使之能够有效地存储数据,满足各种用户的应用需求(信息要求和处理要求)。在数据库领域,常常把使用数据库的各类系统统称为数据库应用系统。

本节重点介绍数据库的需求分析、概念设计、逻辑设计及物理设计 4 个阶段。

5.4.1　数据库设计概述

数据库设计目前一般采用生存周期(Life Cycle)法,也就是将整个数据库应用系统的开发分解成目标独立的若干阶段,它们分别是需求分析阶段、概念设计阶段、逻辑设计阶段、物理设计阶段、编码阶段、测试阶段、运行阶段、进一步修改阶段。数据库设计将采用上面几个阶段中的前 4 个阶段,并且重点以数据结构与模型的设计为主线,如图 5-16 所示。

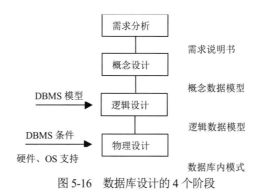

图 5-16　数据库设计的 4 个阶段

5.4.2　需求分析

需求的收集和分析是数据库设计的第一阶段，这一阶段收集到的基础数据和创建的一组数据流图(Data Flow Diagram，DFD)是进行下一步——概念设计的基础。

需求分析阶段的任务是通过详细调查现实世界中想要处理的对象(组织、部门、企业等)，充分了解原系统的工作概况，明确用户的各种需求，然后在此基础上确定新系统的功能。新系统必须充分考虑今后可能的扩充和改变，而不能仅按当前应用需求来设计数据库。

5.4.3　概念设计

进行数据库概念设计的目的是分析数据间内在的语义关联，并在此基础上建立数据的抽象模型。进行数据库概念设计的方法有以下两种。

1. 集中式模式设计法

这是一种统一的模式设计方法，可根据需求由统一的机构或人员设计出综合的全局模式。这种设计方法简单方便，强调统一与一致，适用于小型或并不复杂的系统，但对大型或语义关联复杂的系统并不适合。

2. 视图集成设计法

这种设计方法首先将一个单位分解成若干部分，并为每一部分设计局部模式，建立每一部分的视图，然后以各个视图为基础进行集成。但在集成过程中可能出现一些冲突，这是由视图设计的分散性造成的，因此需要对视图进行修正，最终形成全局模式。

视图集成设计法是一种由分散到集中的设计方法，虽然设计过程稍显复杂，但却能较好地反映需求，适用于大型或复杂的系统，目前此种设计方法使用较多。

5.4.4　逻辑设计

进行数据库逻辑设计的主要目的是将 E-R 图转换成指定 RDBMS(关系数据库管理系统)中的关系模式。首先，从 E-R 图到关系模式的转换是比较直接的，实体与联系都可以表示成关系，E-R 图中的属性也可以转换成关系的属性。其次，实体集也可以转换成关系。E-R 模型与关系间的转换如表 5-1 所示。

表 5-1 E-R 模型与关系间的转换

E-R 模 型	关　　系	E-R 模 型	关　　系
属性	属性	实体集	关系
实体	元组	联系	关系

5.4.5 物理设计

进行数据库物理设计的主要目的是对数据库的内部物理结构进行调整并选择合适的存取路径，以提高数据库访问速度并有效利用存储空间。现代关系数据库已大量屏蔽了内部物理结构，因此留给用户参与物理设计的余地并不多。在一般的 RDBMS 中，留给用户参与物理设计的内容大致包括索引设计、集簇设计和分区设计。

5.4.6 数据库的建立与维护

数据库是一种共享资源，需要进行维护与管理，这种工作称为数据库管理，而实施数据库管理的人员是数据库管理员。数据库管理一般涉及如下操作：数据库的建立、数据库的调整、数据库的安全性控制与完整性控制、数据库的故障修复、数据库的监控以及数据库的重组。

5.5 习题与解答

选择题

1. 进行数据库设计的根本目标是要解决(　　)。
   A. 数据共享问题　　　　　　　　　B. 数据安全问题
   C. 大量数据的存储问题　　　　　　D. 简化数据的维护
   答案：A

2. 数据库系统的核心是(　　)。
   A. 数据模型　　　　　　　　　　　B. 数据库管理系统
   C. 数据库　　　　　　　　　　　　D. 数据库管理员
   答案：B

3. 数据库(DB)、数据库系统(DBS)、数据库管理系统(DBMS)之间的关系是(　　)。
   A. DB 包含 DBS 和 DBMS　　　　　B. DBMS 包含 DB 和 DBS
   C. DBS 包含 DB 和 DBMS　　　　　D. 没有任何关系
   答案：C

4. 在数据库系统中，用户看到的数据模式为(　　)。
   A. 概念模式　　　B. 外模式　　　C. 内模式　　　D. 物理模式
   答案：B

5. 数据库应用系统中的核心问题是( )。

    A. 数据库设计   B. 数据库系统设计

    C. 数据库维护   D. 数据库管理员培训

    答案：A

6. 数据库管理系统是( )。

    A. 操作系统的一部分   B. 操作系统支撑下的系统软件

    C. 一种编译系统   D. 一种操作系统

    答案：B

7. 一间宿舍可住多名学生，实体"宿舍"和"学生"的关系是( )关系。

    A. 一对一   B. 一对多   C. 多对一   D. 多对多

    答案：B

8. 在 E-R 图中，用来表示实体之间关系的图形是( )。

    A. 矩形   B. 椭圆形   C. 菱形   D. 平行四边形

    答案：C

9. 设有表示学生选课的 3 个表——学生表 S(学号、姓名、性别、年龄、身份证号)，课程表 C(课号、课名)和选课表 SC(学号、课号、成绩)，二维表 SC 的关键字(键或码)是( )。

    A. 课号、成绩   B. 学号、成绩   C. 学号、课号   D. 学号、姓名、成绩

    答案：C

10. 设有如下关系：

R		
A	B	C
1	1	2
2	2	3

S		
A	B	C
3	1	3

T		
A	B	C
1	1	2
2	2	3
3	1	3

下列操作中正确的是( )。

    A. $T=R\cap S$ B. $T=R\cup S$ C. $T=R\times S$ D. $T=R/S$

    答案：B

11. 设有如下关系：

R
A
m
n

S	
B	C
1	3

T		
A	B	C
m	1	3
n	1	3

下列操作中正确的是( )。

    A. $T=R\cap S$ B. $T=R\cup S$ C. $T=R\times S$ D. $T=R/S$

    答案：C

12. 设有如下关系：

R	
A	B
m	1
n	2

S	
B	C
1	3
3	5

T		
A	B	C
m	1	3

由关系 *R* 和 *S* 可通过运算得到关系 *T*，使用的运算是(　　)。

    A. 笛卡儿积运算   B. 交运算   C. 并运算   D. 自然连接运算

    答案：D

13. 设有如下关系：

R		
A	B	C
a	3	2
b	0	1
c	2	1

S	
A	B
a	3
b	0
c	2

由关系 *R* 可通过运算得到关系 *S*，使用的运算是(　　)。

    A. 选择运算   B. 投影运算   C. 插入运算   D. 连接运算

    答案：B

14. 数据库设计的 4 个阶段是需求分析、概念设计、逻辑设计和(　　)。

    A. 编码设计   B. 测试   C. 运行   D. 物理设计

    答案：D

15. 在数据库设计中，将 E-R 图转换成关系数据模型的过程属于(　　)。

    A. 需求分析阶段   B. 概念设计阶段

    C. 逻辑设计阶段   D. 物理设计阶段

    答案：C

第6章　等级考试模拟试题

6.1　模拟试题一

一、选择题(每小题 1 分，共 40 分)

1. 算法的时间复杂度是指_____。

    A. 算法的执行时间

    B. 算法处理的数据量

    C. 算法程序中语句或指令的条数

    D. 算法在执行过程中所需的基本运算次数

    答案：D

解析：算法的时间复杂度是指执行算法所需的计算工作量，而执行算法所需的计算工作量可以用算法在执行过程中所需的基本运算次数来度量。

2. 关于栈的操作，下列叙述中正确的是(　　)。

    A. 每次只能读取栈顶元素
    B. 栈底元素可以直接出栈
    C. 栈顶指针是固定不动的
    D. 以上三种说法都不对

    答案：A

解析：在栈中，允许插入与删除的一端称为栈顶，不允许插入与删除的另一端称为栈底。栈顶元素总是最后被插入，且最先被删除。所以答案是 A。

3. 某二叉树共有 5 个节点，其中叶子节点只有 1 个，该二叉树的深度为(　　)。

    A. 3　　　　　　　B. 5　　　　　　　C. 1　　　　　　　D. 2

    答案：B

解析：本题考查二叉树节点和深度的关系。根据二叉树的性质，这棵二叉树没有度为 2 的节点，这是一棵单支二叉树，否则不可能只有一个叶子节点。由于共有 5 个节点，因此这棵二叉树的深度为 5。答案为 B。

4. 下列叙述中正确的是_____。

    A. 对长度为 n 的有序链表进行查找，最坏情况下需要的比较次数为 n。
    B. 对长度为 n 的有序链表进行二分查找，最坏情况下需要的比较次数为 $n/2$。
    C. 对长度为 n 的有序链表进行二分查找，最坏情况下需要的比较次数为 $\log_2 n$。
    D. 对长度为 n 的有序链表进行二分查找，最坏情况下需要的比较次数为 $n\log_2 n$。

    答案：A

解析：二分查找法只适用于顺序存储的有序表，而有序链表不是顺序存储的，因此不能使用二分查找法。

5. 在软件开发中，需求分析阶段产生的主要文档是(　　)。

    A. 软件集成测试计划
    B. 软件详细设计说明书
    C. 用户手册
    D. 软件需求规格说明书

    答案：D

解析：软件需求规格说明书是需求分析阶段产生的主要文档。

6. 数据流图(DFD)是_____。

    A. 软件概要设计工具
    B. 软件详细设计工具
    C. 结构化分析方法的需求分析工具
    D. 面向对象分析方法的需求分析工具

    答案：C

解析：结构化分析的常用工具有数据流图、数据字典、判定表和判定树等。

7. 负责数据库中查询操作的数据库语言是(　　)。

    A. 数据定义语言
    B. 数据管理语言
    C. 数据操纵语言
    D. 数据控制语言

    答案：C

解析：数据库管理系统为方便用户使用数据库中的数据提供了数据操纵语言，以方便用户查询、插入、修改和删除数据。

8. 若有如下 3 个关系 R、S 和 T：

	R			S		T
A	B	C	A	B	C
A	1	2	C	3	1
B	2	1			
C	3	1			

则能够通过关系 R 和 S 得到关系 T 的操作是(　　)。
A. 自然连接操作　　B. 交操作　　C. 除操作　　D. 并操作
答案：C

9. 下列选项中，访问速度最快的是(　　)。
A. 磁盘　　B. 光盘　　C. USB　　D. 内存
答案：D

10. 操作系统的功能有进程管理、文件管理、设备管理和(　　)。
A. 存储器管理　　B. 通信管理　　C. 数据保护　　D. 用户管理
答案：A

11. 以下选项中可用作 Python 标识符的是(　　)。
A. _a_　　B. 't　　C. None　　D. 5MG
答案：A

12. 在 IDLE 中，用于将选中的区域取消缩进的快捷键是(　　)。
A. Ctrl+V　　B. Ctrl+]　　C. Ctrl+O　　D. Ctrl+[
答案：D

13. Python 语言提供了 3 种基本的数字类型，它们是(　　)。
A. 整数类型、二进制类型、浮点类型　　B. 整数类型、浮点类型、复数类型
C. 整数类型、二进制类型、复数类型　　D. 二进制类型、浮点类型、复数类型
答案：B

14. 在 Python 语言中，不能使用遍历循环 for…in 进行遍历的类型是(　　)。
A. 字符串　　B. 列表　　C. 整数　　D. 字典
答案：C

15. 以下选项中，不属于 Python 语言控制结构的是(　　)。
A. 顺序结构　　B. 分支结构　　C. 异常处理　　D. 跳转结构
答案：D

16. 下列描述中正确的是(　　)。
A. 集合的创建必须使用 set()函数　　B. 列表、字典和字符串都属于序列
C. 对字符串可以执行切片操作　　D. 字典的创建必须使用 dict()函数
答案：A

17. 以下选项中不属于组合数据类型的是(   )。

    A. 字典类型   B. 字符串类型   C. 列表类型   D. 复数类型

    答案：D

18. 以下选项中不属于 Python 中字符串处理函数的是(   )。

    A. replace()   B. get()   C. split()   D. join()

    答案：B

19. 下列语句在 Python 中不合法的是(   )。

    A. x,y=3,2   B. a=b=1   C. m +=2   D. x=(y=1)

    答案：D

20. 下列选项中不属于+运算符用法的是(   )。

    A. 字符串连接   B. 算术加法   C. 逻辑与   D. 单目运算

    答案：C

21. 下列代码的输出结果是(   )。

```
for i in range(1,6):
    if i/3 == 0:
        break
    else:
        print(i,end =",")
```

    A. 1,2,   B. 1,2,3,4,   C. 1,2,3,   D. 1,2,3,4,5,

    答案：A

22. 以下选项中不能使下列循环结束的是(   )。

```
while True:
    n=eval(input())
    if  n%3:
        break
```

    A. 1   B. 2   C. 3   D. 4

    答案：C

23. 以下关于 Python 列表的描述中，正确的是(   )。

    A. 列表的长度和内容都可以改变，但元素类型必须相同

    B. 不可以对列表进行成员运算、长度计算和切片操作

    C. 列表的索引是从 1 开始的

    D. 列表的逆向索引是从 -1 开始的

    答案：D

24. 以下 Python 关键字在异常处理结构中用来捕获特定类型异常的是(   )。

    A. in   B. lambda   C. for   D. except

    答案：D

25. 以下不属于 Python 中异常处理结构的是(   )。

    A. try-except   B. try-except-else

    C. try-except-finally   D. try-except-if

答案：D

26. 关于 Python 文件的打开模式，下列选项中表示错误的是(　　)。
    A. nb　　　　　　　　B. rt　　　　　　　　C. wt　　　　　　　　D. a
    答案：A

27. 以下文件操作方法中，不能从 CSV 格式的文件中读取数据的是(　　)。
    A. read　　　　　　B. readlines　　　　　C. seek　　　　　　D. readline
    答案：C

28. 关于下列代码中的变量 line，以下选项中描述正确的是(　　)。

```
fo = open(filename, "r")
for line in fo:
    print(line)
fo.close()
```

    A. 变量 line 表示文件中的多行字符
    B. 变量 line 表示文件中的一组字符
    C. 变量 line 表示文件中的一个字符
    D. 变量 line 表示文件中的一行字符
    答案：D

29. 下列代码的输出结果是(　　)。

```
>>>f=lambda x,y:y*x
>>>f(3,'A')
```

    A. 27　　　　　　　　B. AAA　　　　　　　C. 出错　　　　　　　D. 333
    答案：B

30. 下列关于 Python 函数的描述中，错误的是(　　)。
    A. 可定义函数接收数量可变的参数
    B. 定义函数时，某些参数可以赋予默认值
    C. 函数必须有返回值
    D. 函数可以同时返回多个结果
    答案：C

31. 关于递归函数的基例，以下选项中描述错误的是(　　)。
    A. 递归函数的基例决定递归的深度
    B. 递归函数的基例不再进行递归
    C. 每个递归函数只能有一个基例
    D. 递归函数必须有基例
    答案：C

32. 关于 Python 的 lambda 函数，以下选项中描述错误的是(　　)。
    A. lambda 用于定义简单的、能够在一行内表示的函数
    B. f = lambda x,y:x+y 语句执行后，f 的类型为数字类型
    C. lambda 函数将函数名作为函数结果返回

D. 可以使用 lambda 函数定义列表的排序原则

答案：B

33. 下列函数中，不属于 Python 内置函数的是(　　)。

A. sum()　　　　　　B. split()　　　　　　C. str()　　　　　　D. hex()

答案：B

34. 下列代码的运行结果是(　　)。

```
def func(num):
    num += 1
a =10
func(a)
print(a)
```

A. 出错　　　　　　B. 1　　　　　　C. 11　　　　　　D. 10

答案：D

35. 以下属于 Python 机器学习领域的第三方库是(　　)。

A. turtle　　　　　　B. NumPy　　　　　　C. PyGame　　　　　　D. MXNet

答案：D

36. 关于 import 语句，以下选项中描述错误的是(　　)。

A. 可以使用 from turtle import setup 导入 turtle 库

B. 可以使用 import turtle 导入 turtle 库

C. import 保留字用于导入模块或模块中的对象

D. 可以使用 import turtle as t 导入 turtle 库，别名为 t

答案：A

37. 以下不属于 Python 标准库的是(　　)。

A. time　　　　　　B. PyGame　　　　　　C. turtle　　　　　　D. random

答案：B

38. 下列代码的输出结果是(　　)。

```
list=["1","3","4"]
def app(x):
    list.append(x)
app(7)
print(list)
```

A. ['1','3','5']　　　　B. ['1','3','5','7']　　　　C. ['7']　　　　D. "1,3,5,7"

答案：B

39. 下列代码的输出结果是(　　)。

```
ls1=['A','B','C','D','D','D']
for i in ls1:
    if i=="D":
        ls1.remove(i)
print(ls1)
```

A. ['A','B','C']   B. ['A','B','C','D','D']

C. ['A','B','C','D','D','D']   D. ['A','B','C','D']

答案：D

40. 下列代码的输出结果是(　　)。

```
fruits=["banana","apple","pear","watermelon"]
print(sorted(fruits,key=len)[2])
```

A. banana   B. apple   C. watermelon   D. pear

答案：A

二、基本操作(共 15 分)

1. 请完善"考生"文件夹下的 M101.py 文件，要求完成以下功能：输入一组数字，以逗号分隔，输出其中的最大值。(本题 5 分)

```
#请完善如下代码，不得修改其他代码
#M101.py
data =_____①_____(input("请输入一组数字，以逗号分隔："))
print(_____②_____)
```

参考答案：

① eval   ② max(data)

2. 请完善"考生"文件夹下的 M102.py 文件，要求完成以下功能：删除列表 ls 中重复的元素，并输出删除后的结果。(本题 5 分)

```
#请完善如下代码，不得修改其他代码
#M102.py
ls = [2,8,3,6,5,3,8]
new_ls = _____
print(new_ls)
```

参考答案：

list(set(ls))

3. 请完善"考生"文件夹下的 M103.py 文件，要求完成以下功能：从键盘输入一个数字，将这个数字(0~9)用对应的中文字符"零一二三四五六七八九"替换，输出替换后的结果。(本题 5 分)

```
#请完善如下代码，不得修改其他代码
#M103.py
n = input()
s = "零一二三四五六七八九"
for c in "0123456789":
    _____
print(n)
```

参考答案：

n=n.replace(c,s[int(c)])

三、简单应用(共 25 分)

1. 请完善"考生"文件夹下的 M201.py 文件，要求完成以下功能：利用 turtle 库绘制边长为 200 的六边形。(本题 10 分)

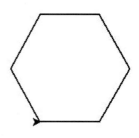

```
#请完善如下代码，不得修改其他代码
#M201.py
#请在下画线处用一行代码替换下画线

     ①
turtle.pensize(2)
for i in range(     ②     ):
        turtle.fd(80)
     ③
```

参考答案：

① import turtle

② 6

③ turtle.left(60)

2. 请完善"考生"文件夹下的 M202.py 文件，要求完成以下功能：编写程序，将列表 ls 中的素数删除，并输出删除素数后的列表元素的个数，将结果保存到"考生"文件夹下，命名为 M202.txt。(本题 15 分)

```
#请完善如下代码，可以修改其他代码
#M202.py
fo = open("M202.txt","w")
def prime(num):
    ...
ls = [51,33,54,56,67,88,431,111,141,72,45,2,78,13,15,5,69]
lis = []
for i in ls:
    if prime(i) == False:
        lis.append(i)
fo.write(">>>{}，列表长度为{}".format(_____,_____))
fo.close()
```

参考答案：

```
fo = open("M202.txt","w")
def prime(num):
    for i in range(2,num):
        if num%i == 0:
            return False
    return True
ls = [51,33,54,56,67,88,431,111,141,72,45,2,78,13,15,5,69]
lis = []
for i in ls:
    if prime(i) == False:
        lis.append(i)
```

```
fo.write(">>>{}，列表长度为{}".format(lis,len(lis)))
fo.close()
```

四、综合题(共 20 分)

请完善"考生"文件夹下的 M301.py 文件,要求完成以下功能:"考生"文件夹下的 arrogant.txt 文件中保存了小说《傲慢与偏见》中部分章节的内容,请编写程序,统计其中英文单词的数量(不统计换行符),按得到的数量从大到小对英文单词进行排序,并将排在前十的英文单词保存到文件 M301.txt 中。(本题 20 分)

```
#请完善如下代码,可以修改已给出的代码框架
#M301.py
...
d = {}
...
ls =list(d.items())
ls.sort(key=lambda x:x[1],reverse=True)
...
fo.write("{}:{}\n".format(_____,_____))
```

参考答案:

```
fi = open("arrogant.txt","r")
fo = open("M301.txt","w")
txt = fi.read().split()
d = {}
for s in txt:
    d[s] = d.get(s,0) + 1
del d['\n']
ls =list(d.items())
ls.sort(key=lambda x:x[1],reverse=True)
for i in range(10):
    fo.write("{}:{}\n".format(ls[i][0],ls[i][1]))
fi.close()
fo.close()
```

6.2 模拟试题二

一、选择题(每小题 1 分,共 40 分)

1. 下列叙述中正确的是( )。
   A. 在栈中,元素随栈底指针与栈顶指针的变化而动态变化。
   B. 在栈中,栈顶指针不变,元素随栈底指针的变化而动态变化。
   C. 在栈中,栈底指针不变,元素随栈顶指针的变化而动态变化。
   D. 上述三种说法都不对。
   答案: C
   解析:栈是限定仅在一端进行插入和删除运算的线性表,允许插入与删除的一端称为栈顶,

而不允许插入与删除的另一端称为栈底。

2. 下列关于线性链表的叙述中，正确的是(　　)。

    A. 各数据节点的存储空间可以不连续，但它们的存储顺序与逻辑顺序必须一致

    B. 各数据节点的存储顺序与逻辑顺序可以不一致，但它们的存储空间必须连续

    C. 进行插入与删除时，不需要移动线性链表中的元素

    D. 以上三种说法都不对

    答案：C

解析：线性表的链式存储结构称为线性链表，是一种在物理存储单元上非连续、非顺序的存储结构，数据元素的逻辑顺序是通过线性链表中的指针链接来实现的。在线性链表中删除元素时，不需要移动数据元素，只需要修改相关的节点指针。因此，选项 A 与 B 不正确，选项 C 正确。

3. 下列关于二叉树的叙述中，正确的是(　　)。

    A. 叶子节点总是比度为 2 的节点少一个

    B. 叶子节点总是比度为 2 的节点多一个

    C. 叶子节点数是度为 2 的节点数的两倍

    D. 度为 2 的节点数是度为 1 的节点数的两倍

    答案：B

解析：根据二叉树的性质，在任意一棵二叉树中，度为 0 的节点(即叶子节点)总是比度为 2 的节点多一个。因此，选项 B 正确。

4. 软件的生存周期是指(　　)。

    A. 软件从提出、实现、使用、维护到退役(停止使用)的过程

    B. 软件从需求分析、设计、实现到测试完成的过程

    C. 软件的开发过程

    D. 软件的运行维护过程

    答案：A

5. 下列描述中，不属于软件危机表现的是(　　)。

    A. 软件过程不规范　　　　　　　　B. 软件开发生产率低

    C. 软件质量难以控制　　　　　　　D. 软件成本不断提高

    答案：A

解析：软件危机主要表现在以下几个方面。

- 软件需求的增长得不到满足，用户对系统不满意的情况经常发生。
- 软件开发成本和进度无法控制。
- 软件质量难以保证。
- 软件不可维护或维护程度非常低。
- 软件的成本不断提高。
- 软件开发生产率的提高赶不上硬件的发展和应用需求的增长。

6. 软件测试的目的是(　　)。

    A. 评估软件可靠性　　　　　　　　B. 发现并改正程序中的错误

C. 改正程序中的错误   D. 发现程序中的错误

答案：D

解析：软件测试的目的是尽可能多地发现软件中的错误，而程序调试的任务是诊断和改正程序中的错误。

7. 数据库系统的三级模式不包括(　　)。

  A. 概念模式   B. 内模式   C. 外模式   D. 数据模式

  答案：D

解析：数据库系统的三级模式是外模式、概念模式和内模式。

8. 若有如下两个关系 R 和 T：

R		
A	B	C
a	1	2
b	2	2
c	3	2
d	3	2

T		
A	B	C
c	3	2
d	3	2

则能够由关系 R 得到关系 T 的操作是(　　)。

  A. 选择操作   B. 投影操作   C. 交操作   D. 并操作

  答案：A

9. 进程是程序的执行过程，有 5 种基本状态，下列选项中不属于进程基本状态的是(　　)。

  A. 运行状态   B. 就绪状态   C. 终止状态   D. 开始状态

  答案：D

10. Linux 系统常用的文件系统是(　　)。

  A. NTFS 文件系统 B. FAT 文件系统 C. FAT 32 文件系统 D. EXT2/4 文件系统

  答案：D

11. 下列关于 Python 程序格式的描述中，正确的是(　　)。

  A. 注释可以从一行的任意位置开始，这一行将会作为注释不被执行

  B. 缩进是指每行代码前的留白部分，用来表示层次关系，所有代码都需要在行前至少缩进一个空格

  C. Python 语言不允许在一行的末尾添加分号，这会导致语法错误

  D. 一行代码如果过长，可以使用反斜杠续行

  答案：D

12. 以下不属于 Python 保留字的是(　　)。

  A. goto   B. True   C. False   D. pass

  答案：A

13. 下列关于 Python 复数的描述中，错误的是(　　)。

  A. 复数由实数部分和虚数部分构成

  B. 复数可以看作二元的有序实数对

C. 虚数部分必须带有后缀 j，且为小写

D. 复数中的虚数部分不能单独存在，必须有实数部分

答案：C

14. 以下选项中不能生成空字典的是(　　)。

A. dict()　　　　　　B. {[]}　　　　　　C. dict([])　　　　　　D. {}

答案：B

15. 关于 Python 列表，以下描述中错误的是(　　)。

A. Python 列表用中括号[]表示

B. Python 列表是一种允许修改数据项的序列

C. Python 列表的长度不可变

D. Python 列表是包含零个或多个对象引用的有序序列

答案：C

16. 对于二维列表 ls=[[1,2,3], [4,5,6],[7,8,9]]，以下选项中能获取列表元素 9 的是(　　)。

A. ls[−1]　　　　　　B. ls[−2][−1]　　　　　　C. ls[0][−1]　　　　　　D. ls[−1][−1]

答案：D

17. 以下代码的输出结果是(　　)。

```
t = "the World is so big,I want to see"
s = t[20:21] + 'love' + t[:9]
print(s)
```

A. I love the　　　　　　B. I love the World　　　C. I love World　　　　D. I love the Worl

答案：B

18. 已知 s = "Alice"，s[:]的结果是(　　)。

A. Alic　　　　　　B. ALICE　　　　　　C. Alice　　　　　　D. ecilA

答案：C

19. 表达式 3**2*4//6%7 的计算结果是(　　)。

A. 3　　　　　　B. 5　　　　　　C. 4　　　　　　D. 6

答案：D

20. 以下代码的输出结果是(　　)。

```
s1 = "The python language is a scripting language"
print(s1.split())
```

A. ['The', 'python', 'language', 'is', 'a', ' scripting ', 'language']

B. 运行出错

C. The python language is a scripting language

D. thepythonlanguageisascriptinglanguage

答案：D

21. 以下代码的输出结果是(　　)。

```
for i in " basketball":
```

```
    if i=="a":
        continue
    print(i,end="")
```

    A. ba   B. bsketbll   C. b   D. bsketball

    答案：B

22. 以下代码的输出结果是(   )。

```
m=10
n=0
if (m>7) or (m/n>2):
    print('Right')
else:
    print('Wrong')
```

    A. Right   B. Wrong   C. 报错   D. 不输出任何结果

    答案：A

23. 给定字典 d，以下关于 d.keys()的描述中，正确的是(   )。
    A. 返回一个字符串，其中包含字典 d 中的所有键
    B. 返回一个元组，其中包含字典 d 中的所有键
    C. 返回一个 dict_keys 对象，其中包含字典 d 中的所有键
    D. 返回一个列表，其中包含字典 d 中的所有键
    答案：C

24. 关于 Python 中的元组，以下描述中错误的是(   )。
    A. 元组一旦创建就不能修改
    B. 元组中的元素不可以是不同的类型
    C. 一个元组可以作为另一个元组的元素，可采用多级索引获取信息
    D. Python 中的元组可用逗号和圆括号(可选)来表示
    答案：B

25. Python 异常处理中不会用到的关键字是(   )。
    A. if   B. else   C. finally   D. try
    答案：A

26. 以下选项中，不是 Python 提供的文件打开模式的是(   )。
    A. '+'   B. 'c'   C. 'w'   D. 'r'
    答案：B

27. 以下方法中，可用于从 CSV 文件中解析多维数据的是(   )。
    A. exists()   B. format()   C. join()   D. split()
    答案：D

28. 以下关于 CSV 文件的描述中，正确的是(   )。
    A. CSV 文件只能采用 Unicode 编码表示字符
    B. CSV 文件中的每一行是一维数据，只能使用 Python 元组来表示
    C. CSV 是一种通用的文件格式，主要用于不同程序间数据的交换

D. CSV 文件中存储的数据是一维数据

答案：C

29. 以下选项中，路径名错误的是(　　　　)。

A. E:\\Python\a.txt　　B. E:\\Python\\a.txt　　C. E:/PythonT/a.txt　　D. E://Python//a.txt

答案：A

30. 以下代码的输出结果是(　　　　)。

```
>>>s=('a',)
>>>type(s)
```

A. <clas 'dict'>　　　　B. <clas 'tuple'>　　　　C. <clas 'list'>　　　　D. <clas 'set'>

答案：B

31. 关于函数的定义与编写，以下描述中错误的是(　　　　)。

A. 函数是实现代码复用的一种方式

B. 在 Python 中，可使用关键字 define 定义函数

C. 定义函数时，即使函数不需要接收任何参数，也必须保留一对空括号

D. 编写函数时，建议首先对参数进行合法性检查，然后再进行编写

答案：B

32. 关于函数的作用，以下描述中错误的是(　　　　)。

A. 代码复用　　　　　　　　　　B. 增强程序的可读性

C. 提高程序的执行速度　　　　　D. 分解问题以降低难度

答案：C

33. 以下关于局部变量和全局变量的描述中，正确的是(　　　　)。

A. 全局变量不可以在函数中定义

B. 全局变量在使用后将立即被释放

C. 局部变量在使用后将立即被释放

D. 局部变量的名称必须唯一，并且不可以和全局变量的名称相同

答案：C

34. 下列代码的运行结果是(　　　　)。

```
def fun(x):
    return 2*x**2
print(fun(3))
```

A. 出错　　　　　　B. 36　　　　　　C. 18　　　　　　D. 12

答案：C

35. 以下选项中，用于文本处理的 Python 第三方库是(　　　　)。

A. random　　　　　B. NumPy　　　　　C. PDFMiner　　　　　D. MXNet

答案：C

36. random 库中的 uniform(a, b)函数的作用是(　　)。
    A. 随机生成一个取值区间为[a,b]的整数
    B. 随机生成一个取值区间为[a, b]的小数
    C. 随机生成一个取值区间为[0.0, 1.0]的小数
    D. 随机生成一个取值区间为[a, b]且以 1 为步长的整数序列
    答案：B

37. 在 Python 语言中，用来安装第三方库的工具是(　　)。
    A. install   B. pyinstaller   C. PyQt5   D. pip
    答案：D

38. 以下代码的输出结果是(　　)。

```
def fun(x):
    if x>0:
        return x + fun(x-1)
    else:
        return 0
m = add(10)
print(m)
```

    A. 0   B. 10   C. 55   D. 35
    答案：B

39. 以下代码的输出结果是(　　)。

```
def fun(x):
    try:
        return x+4
    except:
        return x
a="5"
print(fun(a))
```

    A. 54   B. 出错   C. 5   D. 9
    答案：C

40. 执行下列代码，输出结果是(　　)。

```
s="m:4|m1:2|m2:3|m3:1"
str_list=s.split('|')
d={}
for x in str_list:
    key,value=x.split(':')
    d[key]=value
print(d)
```

    A. [m:4,m1:2,m2:3,m3:1]   B. {m:4,m1:2,m2:3,m3:1}
    C. {'m': '1', 'm1': '2', 'm2': '3', 'm3': '1'}   D. ['m':'4', 'm1':'2', 'm2':'3','m3':'1']
    答案：C

二、基本操作(共 15 分)

1. 请完善"考生"文件夹下的 M101.py 文件，要求完成以下功能：输入一个数字，将这个数字的十六进制形式输出到屏幕上，宽度为 15 个字符，居中对齐，不足部分用双引号填充。(本题 5 分)

```
#请完善如下代码，不得修改其他代码
#M101.py
s = input()
print("{_____①_____}".format(_____②_____))
```

参考答案：

① :\ "^15x   ② int(s)

2. 请完善"考生"文件夹下的 M102.py 文件，要求完成以下功能：输入一行不加标点的中文，利用 jieba 库对这行中文进行分词，将中文词语的个数输出。(本题 5 分)

```
#请完善如下代码，不得修改其他代码
#M102.py
import _____①_____
txt = input("请输入一段中文文本:")
_____②_____
print("{:.1f}".format(len(ls)))
```

参考答案：

① jieba   ② ls = jieba.lcut(txt)

3. 请完善"考生"文件夹下的 M103.py 文件，要求完成以下功能：编写一个函数，实现字符串的反转，将字符串"goodmoning"传递给这个函数，然后输出反转结果。(本题 5 分)

```
#请完善如下代码，不得修改其他代码
#M103.py
def str_change(str) :
    return _____①_____
str = input("输入字符串: ")
print(str_change(_____②_____))
```

参考答案：

① str[::-1]   ② str

三、简单应用(共 25 分)

1. 请完善"考生"文件夹下的 M201.py 文件，要求完成以下功能：利用 turtle 库绘制半径为 50 的黄底黑边的圆。(本题 10 分)

```
#请完善如下代码，不得修改其他代码
#M201.py
# 请在下画线处用一行代码替换下画线

_____①_____
turtle.color('black','yellow')
```

```
      ②
      ③
turtle.end_fill()
```

参考答案:

① import turtle

② turtle.begin_fill()

③ turtle.circle(50)

2. 请完善"考生"文件夹下的 M202.py 文件,要求完成以下功能:判断年份是否为闰年,并将判断结果输出。(本题 15 分)

闰年是指能被 400 整除,或者能被 4 整除但不能被 100 整除的年份。

```
#请完善如下代码,可以修改其他代码
#M202.py
def judge_year(year):
    …
year = eval(input("请输入年份: "))
    …
```

参考答案:

```
def judge_year(year):
    if (year%4 == 0 and year%100 != 0) or year % 400 == 0 :
        print(year,"年是闰年")
    else:
        print(year,"年不是闰年")
year = eval(input("请输入年份: "))
judge_year(year)
```

四、综合题(共 20 分)

请完善"考生"文件夹下的 M301.py 文件,要求完成以下功能:使用 jieba 库对"考生"文件夹下的 in.txt 文件进行分词。请编写程序,统计 in.txt 文件中长度大于或等于 3 的中文关键词,并将结果保存到 M301.txt 文件中。(本题 20 分)

```
#请完善如下代码,可以修改已给出的代码框架
#M301.py
...
f = open('M301.txt','w')
...
f.close()
```

参考答案:

```
import jieba
f=open('in.txt','r')          #此处可多行
data=f.read()
f.close()
f = open(' M301.txt','w')
data1=jieba.lcut(data)
```

```
d=[]
for x in data1:
    if len(x) >=3 and x not in d:
        d[x]=1
        f.write(x+'\n')
f.close()
print(d)
```

第三篇

Python应用实训

第1章 网络爬虫

本章介绍利用 Python 语言爬取网络数据并提取关键信息的技术和方法, 使读者具备定向网络数据爬取和网页解析的基本能力。本章首先介绍爬取网页数据的 Python 第三方库 Requests; 然后介绍从所爬取页面中解析完整 Web 信息的 BeautifulSoup 库; 最后讲解从所爬取的 HTML 页面中提取关键信息的方法。

1.1 爬虫概述

什么是爬虫? 假设互联网是一张很大的网, 那么爬虫(即网络爬虫)便是在网上爬行的蜘蛛, 如图 1-1 所示。简单来说, 爬虫就是获取网页并提取和保存信息的自动化程序。爬虫首先要做的工作就是获取网页(获取网页的源代码)。网页的源代码中包含了网页的部分有用信息, 所以只要得到了源代码, 就可以从网页中提取想要的信息了。网络爬虫主要完成两项任务: 一是下载目标网页; 二是从目标网页中提取需要的信息。

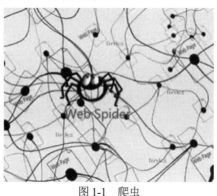

图 1-1 爬虫

下载目标网页要用到 Python 提供的第三方库 Requests, 从目标网页解析数据则要用到 Python 提供的另一个第三方库 BeautifulSoup。使用 Python 语言实现网络爬虫和信息提取是非常简单的事情，代码行数少，也不必掌握网络通信等方面的知识，非常适合非专业人士学习。

1.2 Requests 库入门

1.2.1 Requests 库的安装

Requests 库是非常简洁的用于实现 HTTP 请求的第三方库，因为不是 Python 标准库，所以需要另行安装。可在命令窗口中使用 pip 指令安装 Requests 库，如图 1-2 所示。

图 1-2　安装 Requests 库

安装完成后，如果需要爬取网页，可在 Python 的 IDLE 环境中导入 Requests 库：

```
>>> import requests
```

如果 Requests 库没有安装成功，那么在进行导入时，Python 解释器会给出如下提示信息：
ModuleNotFoundError: No module named 'requests'。我们需要了解是什么原因导致没有安装成功：
有可能是 pip 指令需要更新，对于这种情况可使用 easy_install -U pip 更新 pip 命令；也有可能
是当前所在的文件夹下没有 pip，对于这种情况可在 cmd 窗口下通过 where pip 查看 pip 的默认
位置。假设 pip 的默认位置是"c:\python\Scripts\pip.exe"，那么可通过 cd 进入 c:\python\Scripts
文件夹下，输入如下命令："pip install requests"，若显示 successful 则意味着安装成功。

1.2.2 Requests 库的请求方法

使用 Requests 库发送网络请求非常简单：首先导入 Requests 库，然后使用 Requests 库中的
get()方法即可。get()方法是获取网页的最常用方式，返回的网页内容将被保存到一个 Response
对象中。例如，可使用 get()方法获取百度网站的首页，并把获取的 Response 对象赋给变量 r，
调用 type(r)函数后，便可看到返回的网页内容已被保存到 Response 对象 r 中：

```
>>> import requests
>>> r=requests.get('http://www.baidu.com')
>>> type(r)
<class 'requests.models.Response'>
```

变量 r 中存放着网页内容，可以使用 r.text 获取文本形式的响应内容，如图 1-3 所示。

```
>>> r.text
'<!DOCTYPE html>\r\n<!--STATUS OK--><html> <head><meta http-equiv
=text/html;charset=utf-8><meta http-equiv=X-UA-Compatible content
t=always name=referrer><link rel=stylesheet type=text/css href=ht
r/www/cache/bdorz/baidu.min.css><title>ç\x99%âº¦ä¸\x80ä¸\x8bï¼\x8
\x93</title></head> <body link=#0000cc> <div id=wrapper> <div id=
```

图 1-3　使用 r.text 获取文本形式的响应内容

从上面的例子可以看出，requests.get()方法代表请求过程，返回的 Response 对象 r 代表响应，如图 1-4 所示。

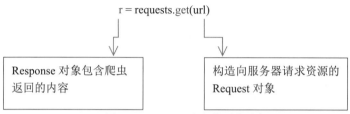

图 1-4　Requests 库中的两个对象

get()方法的语法格式如下：

requests.get(url, params=None, **kwargs)

除了 url 是必选参数，另外两个参数是可选的。

- url：表示想要获取的页面的 URL 链接。
- params：URL 中的额外参数，使用字典或字节流格式。
- **kwargs：表示 12 个用于控制访问的参数(这部分内容将在后续章节中介绍，这里不再赘述)。

Response 对象不仅包含服务器返回的所有信息，还包含请求的 Request 信息。Response 对象的属性及说明如表 1-1 所示。

表 1-1　Response 对象的属性

属性	说明
r.status_code	定义一些语句块，这些语句块将作为一组语句执行，允许语句块嵌套
r.text	HTTP 响应内容的字符串形式，也就是 URL 对应的页面内容
r.encoding	从 HTTP Header 中猜测的响应内容编码方式
r.apparent_encoding	从内容中分析出的响应内容编码方式(备选编码方式)
r.content	HTTP 响应内容的二进制形式

响应状态码(r.status_code)如果是 200，则代表请求成功；如果是 404，则代表请求失败。请求成功后，可通过 r.text 属性获取文本形式的 URL 页面内容，以字符串形式展示。r.encoding 属性非常重要，它给出了所返回页面内容的编码方式，可通过对 r.encoding 属性进行赋值来更改编码方式，以便处理中文字符。r.apparent_encoding 则用于指定备选编码方式。下面仍以使用 get()方法爬取百度网页为例，r.status_code 返回的值是 200，说明请求成功。通过 r.encoding 属性可以看到返回的值是'ISO-8859-1'，使用 r.text 可以看到 URL 页面对应的文本形式，这种文本形式不利于人们理解，如图 1-5 所示。通过 r.apparent_encoding 属性可以看到返回的值是'utf-8'，将'utf-8'赋给 r.encoding，再次使用 r.text 查看百度页面对应的文本，可以看到有中文出现，十分便于理解，如图 1-6 所示。

```
>>> import requests
>>> r=requests.get("http://www.baidu.com")
>>> r.encoding
'ISO-8859-1'
>>> r.text
'<!DOCTYPE html>\r\n<!--STATUS OK--><html> <head><meta http-equi
arset=utf-8><meta http-equiv=X-UA-Compatible content=IE=Edge><me
nk rel=stylesheet type=text/css href=http://s1.bdstatic.com/r/ww
ç\x99¾åº¦ï¼\x80ä¸\x8bï¼\x8cä½\xa0å°±ç\x9f¥é\x81\x93</title></hea
per> <div id=head> <div class=head_wrapper> <div class=s_form> <
g> <img hidefocus=true src=//www.baidu.com/img/bd_logo1.png widt
orm name=f action=//www.baidu.com/s class=fm> <input type=hidden
pe=hidden name=ie value=utf-8> <input type=hidden name=f value=8
lue=1> <input type=hidden name=rsv_idx value=1> <input type=hidd
"bg s_ipt_wr"><input id=kw name=wd class=s_ipt value maxlength=2
n><span class="bg s_btn_wr"><input type=submit id=su value=ç\x99
```

图 1-5　编码是 ISO-8859-1 时对应的百度网页文本

```
>>> r.apparent_encoding
'utf-8'
>>> r.encoding='utf-8'
>>> r.text
'<!DOCTYPE html>\r\n<!--STATUS OK--><html> <head><meta http-equiv=
arset=utf-8><meta http-equiv=X-UA-Compatible content=IE=Edge><meta
nk rel=stylesheet type=text/css href=http://s1.bdstatic.com/r/www/
百度一下，你就知道</title></head> <body link=#0000cc> <div id=wrapper
wrapper> <div class=s_form> <div class=s_form_wrapper> <div id=lg>
idu.com/img/bd_logo1.png width=270 height=129> </div> <form id=form
class=fm> <input type=hidden name=bdorz_come value=1> <input type=h
t type=hidden name=f value=8> <input type=hidden name=rsv_bp value=
dx value=1> <input type=hidden name=tn value=baidu><span class="bg
lass=s_ipt value maxlength=255 autocomplete=off autofocus></span><s
ype=submit id=su value=百度一下 class="bg s_btn"></span> </form> </d
ttp://news.baidu.com name=tj_trnews class=mnav>新闻</a> <a href=htt
123 class=mnav>hao123</a> <a href=http://map.baidu.com name=tj_trma
tp://v.baidu.com name=tj_trvideo class=mnav>视频</a> <a href=http:/
```

图 1-6　编码是 utf-8 时对应的百度网页文本

1.2.3　爬取网页的通用代码框架

使用 Requests 库发送网络请求并不总是"一帆风顺"，当遇到一些情况时，Requests 库会抛出错误或异常。

- requests.ConnectionError：网络连接异常，如 DNS 查询失败、拒绝连接等。

- Reponse.raise_for_status()：抛出 HTTPError 异常(若网页不存在，则返回 404 错误；若网页存在，则返回响应状态码 200)，以便利用 try-except 进行异常处理。
- Requests.Timeout()：请求 URL 超时，产生超时异常。

爬取网页的通用代码框架将首先使用 reponse.raise_for_status()在方法内部判断 r.status_code 是否等于 200，然后利用 try-except 进行异常处理。

```python
import requests
url="http://www.baidu.com"
try:
    r=requests.get(url)
    r.raise_for_status()
    r.encoding='utf-8'
    print(r.text[0:500])
except:
    print('连接异常')
```

在爬取网页的通用代码框架中，在获取网页内容后，r.raise_for_status()方法能在非成功响应后产生异常。换言之，只要返回的响应状态码不是 200，就会产生异常，使用这种框架可以避开响应状态码不是 200 时的各种意外情况。

1.2.4　Robots 协议

Robots 协议(也称为爬虫协议)的全称是"机器人排除协议"(Robots Exclusion Protocol)。网站能通过 Robots 协议对搜索引擎抓取网站内容的范围做出约定，包括网站是否希望被搜索引擎抓取、内容是否允许被抓取、被抓取的公开数据是否允许被转载等。

此外，Robots 协议还可以：屏蔽一些网站中较大的文件，如图片、音频、视频等，从而节省服务器带宽；屏蔽站点的一些死链接，以方便搜索引擎抓取网站内容；设置网站地图连接，以引导爬虫爬取页面。

robots.txt 是一种存放于网站根目录下的以 ASCII 编码的文本文件，它是 Robots 协议的具体体现。因为一些系统中的 URL 对字母区分大小写，所以 robots.txt 文本文件的文件名统一使用小写形式。

Robots 协议的约束力仅限于自律，没有强制性，但搜索引擎一般都会遵循 Robots 协议。除了 Robots 协议，网站管理员仍有其他方式可用于拒绝网络爬虫对网页的获取。

当网站内容有更新时，robots.txt 文本文件中提供的网站地图可以帮助爬虫定位网站的最新内容，而不必爬取每一个网页。例如，网站 http://www.gov.cn 的 Robots 协议如图 1-7 所示。

在图 1-7 中，User-agent 用于设置允许的爬虫，*表示允许所有爬虫爬取数据。Allow 用于设置允许访问的目录。Disallow 用于设置禁止访问的目录。

图 1-7   网站 http://www.gov.cn 的 Robots 协议

1.3 Requests 库爬虫实例

1.3.1 京东商品页面的爬取

首先打开京东网站，在京东网站上选取一台联想笔记本电脑，如图 1-8 所示，便可以看到这款商品的 URL 链接，要求根据此链接，通过编写程序获得对应商品的相关信息。

图 1-8   京东商品网页

根据网络爬虫的通用代码框架，编写如下代码：

```
import requests
try:
```

```
        headers= {
        "User-Agent": "Mozilla/5.0 (Windows NT 10.0; Win64; x64) AppleWebKit/537.36 (KHTML, like Gecko)
        Chrome/109.0.0.0 Safari/537.36"}
        r=requests.get('https://item.jd.com/100015378504.html#crumb-wrap',headers=headers)
        r.raise_for_status()
        r.encoding=r.apparent_encoding
        print(r.text[0:1000])
    except:
        print('爬取失败')
```

运行结果如图 1-9 所示。

```
<!DOCTYPE html>
<html>

<head>
    <meta charset="utf8" version='1'/>
    <title>京东(JD.COM)-正品低价、品质保障、配送及时、轻松购物！</title>
    <meta name="viewport" content="width=device-width, initial-scale=1.0, maximum-scale=1.0, user-scalable=yes"/>
    <meta name="description"
        content="京东JD.COM-专业的综合网上购物商城,为您提供正品低价的购物选择、优质便捷的服务体验。商品来自全球
数十万品牌商家,囊括家电、手机、电脑、服装、居家、母婴、美妆、个护、食品、生鲜等丰富品类,满足各种购物需求。"/>
    <meta name="Keywords" content="网上购物,网上商城,家电,手机,电脑,服装,居家,母婴,美妆,个护,食品,生鲜,京东"/>
    <script type="text/javascript">
        window.point = {}
        window.point.start = new Date().getTime()
    </script>
    <link rel="dns-prefetch" href="//static.360buyimg.com"/>
    <link rel="dns-prefetch" href="//misc.360buyimg.com"/>
    <link rel="dns-prefetch" href="//img10.360buyimg.com"/>
    <link rel="dns-prefetch" href="//img11.360buyimg.com"/>
    <link rel="dns-prefetch" href="//img12.360buyimg.com"/>
    <link rel="dns-prefetch" href="//img13.360buyimg.com"/>
    <link rel="dns-prefetch" href="//img1
```

图 1-9　运行结果

从运行结果可以看出，商品信息爬取成功。代码中，有一个变量 headers，其中存放的是该网页的头部信息。r.text[:1000]输出的是页面 HTML 文本信息从头到 1000 个字符为止。

Requests 库中的网页请求函数及说明如表 1-2 所示。

表 1-2　Requests 库中的网页请求函数

函　　数	说　　明
requests.delete(url)	向 HTML 页面提交删除请求，对应于 HTTP 协议的 DELETE
requests.get(url [,timeout=n])	获取网页的最常用方法，可以增加 timeout=n 参数，以设定每次请求的超时时间为 n 秒
requests.head(url)	获取 HTML 网页头信息的方法，对应于 HTTP 协议的 HEAD
requests.post(url,data={'key': 'value'})	向指定资源提交数据以处理请求，数据被包含在请求体中，对应于 HTTP 协议的 POST，其中的字典用于传递客户数据
requests.put(url,data={'key': 'value'})	向 HTML 网页提交 PUT 请求方法，对应于 HTTP 协议的 PUT
requests.patch(url)	向 HTML 网页提交局部修改请求，对应于 HTTP 协议的 PATCH

1.3.2　拓展：HTTP 协议

HTTP(HyperText Transfer Protocol，超文本传输协议)是一种基于"请求-响应"模式的、无

状态的应用层协议。HTTP 协议采用 URL 作为网络资源的定位标识。

URL 是通过 HTTP 协议存取资源的 Internet 路径，一个 URL 对应一个数据资源。格式如下：

> http://host[:port][path]

- host：合法的 Internet 主机域名或 IP 地址。
- port：端口号，默认为 80。
- path：资源请求路径。

例如，http://www.dlnu.edu.cn、http://www.baidu.com 等。

HTTP 协议的 GET 和 POST 的区别：GET 可以根据链接获得内容；POST 用于发送内容，发送的数据放置在 HTML HEAD 内。

HTTP 协议的 PUT 和 PATCH 的区别：PUT 用于请求向 URL 位置存储资源，原 URL 位置的资源将被覆盖；PATCH 用于请求局部更新 URL 位置的资源。

1.3.3　亚马逊商品页面的爬取

亚马逊商品页面的 URL 链接相比京东商品页面的 URL 链接更为复杂。在亚马逊中国网站上找到一个马克杯，如图 1-10 所示，然后通过 Requests 库爬取这款商品的相关信息。

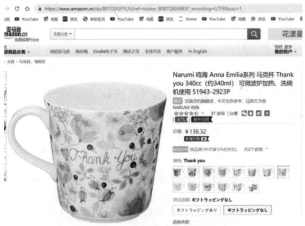

图 1-10　亚马逊商品页面

首先打开 IDLE，在交互模式下使用 import 语句导入 Requests 库，并通过 get()方法获得商品的相关信息。

```
>>> import requests
>>> r=requests.get("https://www.amazon.cn/dp/B01DDGFYLM/ref=twister_B087Q6SWKX?_encoding
            =UTF8&psc=1")
```

接下来，通过检查返回的响应状态码 r.status_code 来检验访问是否正确。如果响应状态码是 200，就说明访问成功。如果响应状态码是 503，就说明访问出现了错误，如下所示：

```
>>> r.status_code
503
```

通过 r.encoding 可以看出编码是'ISO-8859-1'，这种编码不便于查看，因此将"utf-8"赋给 r.encoding(设置 r.encoding="utf-8")，然后通过 r.text 查看反馈信息，如下所示：

```
>>> r.encoding
'ISO-8859-1'
>>> r.encoding="utf-8"
>>> r.text
'<!DOCTYPE html>\n<!--[if lt IE 7]> <html lang="zh-CN" class="a-
-lt-ie8 a-lt-ie7"> <![endif]-->\n<!--[if IE 7]>    <html lang="z
o-js a-lt-ie9 a-lt-ie8"> <![endif]-->\n<!--[if IE 8]>    <html l
s="a-no-js a-lt-ie9"> <![endif]-->\n<!--[if gt IE 8]><!--><htm
" lang="zh-CN"><!--<![endif]--><head>\n<meta http-equiv="content
text/html; charset=UTF-8">\n<meta charset="utf-8">\n<meta http-e
tible" content="IE=edge,chrome=1">\n<title dir="ltr">Amazon.cn</
```

可以看到，英文中有 API 信息，同时中文中包含了"只是想确认一下当前访问者并非自动程序"这样的信息，如图 1-11 所示。亚马逊网站想要告诉我们，我们的访问出现了错误，但错误是由 API 造成的。

图 1-11　访问亚马逊网站时出现的错误信息

事实上，如果我们能从服务器获得相关页面信息，那么以上错误就不会出现，为什么亚马逊网站要反馈这样的页面呢？这是因为很多网站对网络爬虫有限制,限制网络爬虫有两种方法：一种方法是通过 Robots 协议告知爬虫，哪些内容可以访问，哪些内容不可以访问；另一种方法比较隐蔽——通过判断访问网站的 HTTP 头来查看访问是不是由爬虫引起的，网站一般接收的是由浏览器引发或产生的 HTTP 请求，对于爬虫发出的请求，网站是可以拒绝的。我们可以通过 r.request.headers 来查看发给亚马逊网站的请求信息的头部都有什么内容，如下所示：

```
>>> r.request.headers
{'User-Agent': 'python-requests/2.25.1', 'Accept-Encoding': 'gzip, deflate', 'Accept': '*/*', 'Connection': 'keep-alive'}
```

User-Agent 字段的值是'python-requests/2.25.1'，这说明对亚马逊网站的访问是由 Python 库 Requests 产生的，亚马逊网站将拒绝这样的访问。可以更改 Requests 库的头部信息，通过模拟浏览器来向亚马逊网站发送请求，首先构造键值对 mn={'user-agent':'Mozilla/5.0'}，这个键值对重新定义了 User-Agent 字段的内容，使其等于'Mozilla/5.0' (标准的浏览器身份标识)，然后通过 requests.get 方法再次访问亚马逊商品页面，但需要对 User-Agent 字段进行相关的修改：

```
>>> mn={'user-agent':'Mozilla/5.0'}
>>> r=requests.get("https://www.amazon.cn/dp/B01DDGFYLM/ref=twister_B087Q6SWKX?_encoding
            =UTF8&psc=1",headers=mn)
>>> r.status_code
200
```

这时我们发现，r.status_code 的值是 200，访问成功。另外，request.headers 中的 User-Agent 字段也已经改为'Mozilla/5.0'，如下所示：

```
>>> r.request.headers
{'user-agent': 'Mozilla/5.0', 'Accept-Encoding': 'gzip, deflate', 'Accept': '*/*', 'Connection': 'keep-alive'}
```

使用 r.text 查看返回的内容，可以看到，返回的不再是错误或提示信息，而是商品页面的内容，如图 1-12 所示。

```
>>>
>>> r.request.headers
{'user-agent': 'Mozilla/5.0', 'Accept-Encoding': 'gzip, deflate', 'Accept': '*/*', 'Connection': 'keep-alive'}
>>> r.text[:1000]
'<!DOCTYPE html>\n<!--[if lt IE 7]> <html lang="zh-CN" class="a-no-js a-lt-ie9 a-lt-ie8 a-lt-ie7"> <![endif]-->\n<!--
[if IE 7]>    <html lang="zh-CN" class="a-no-js a-lt-ie9 a-lt-ie8"> <![endif]-->\n<!--[if IE 8]>    <html lang="zh-CN
" class="a-no-js a-lt-ie9"> <![endif]-->\n<html class="a-no-js" lang="zh-CN"><!--<![endif]-->
<head>\n<meta http-equiv="content-type" content="text/html; charset=UTF-8">\n<meta charset="utf-8">\n<meta http-equiv
="X-UA-Compatible" content="IE=edge,chrome=1">\n<title dir="ltr">Amazon.cn</title>\n<meta name="viewport" content="wi
dth=device-width">\n<link rel="stylesheet" href="https://images-na.ssl-images-amazon.com/images/G/01/AUIClients/Amazo
nUI-3c913031596ca78a3768f4e934b1cc02ce238101.secure.min._V1_.css">\n<script>\n\nif (true === true) {\n    var ue_t0 =
(+ new Date()),\n          ue_csm = window,\n          ue = { t0: ue_t0, d: function() { return (+new Date() - ue_t0); }
},\n          ue_furl = "fls-cn.amazon.cn",\n          ue_mid = "AAHKV2X7AFYLW",\n          '
```

图 1-12　使用 r.text 查看返回的内容

根据网络爬虫的通用代码框架，编写如下代码：

```python
import requests
url="https://www.amazon.cn/dp/B01DDGFYLM/ref=twister_B087Q6SWKX?_encoding=UTF8&psc=1"
try:
    mn={'user-agent':'Mozilla/5.0'}
    r=requests.get(url,headers=mn)
    r.raise_for_status()
    r.encoding='utf-8'
    print(r.text[1000:2000])
except:
    print('爬取失败')
```

按 F5 功能键执行上述代码，即可成功爬取到商品信息，如图 1-13 所示。

```
===================== RESTART: D:/2020实验指导教材/亚马逊爬取实例.py =====================
   ue_sid = (document.cookie.match(/session-id=([0-9-]+)/) || [])[1],
      ue_sn = "opfcaptcha.amazon.cn",
      ue_id = 'ZGV95VRK2QVHP4HNWA51';
}
</script>
</head>
<body>

<!--
      To discuss automated access to Amazon data please contact api-services-support@amazon.com.
      For information about migrating to our APIs refer to our Marketplace APIs at https://developer.amazonservices
.com.cn/index.html/ref=rm_c_sv, or our Product Advertising API at https://associates.amazon.cn/gp/advertising/api/det
ail/main.html/ref=rm_c_ac for advertising use cases.
-->

<!--
Correios.DoNotSend
-->

<div class="a-container a-padding-double-large" style="min-width:350px;padding:44px 0 !important">

   <div class="a-row a-spacing-double-large" style="width: 350px; margin: 0 auto">

      <div class="a-row a-spacing-medium a-text-center"><i class="a-icon a-logo"></i></div>

      <div class="a-box a-alert a-alert-info a-spacing-base">
         <div class="a-box-inner">
```

图 1-13　爬取到的商品信息

1.3.4　网络图片的爬取

网页的组成除了文字，还有图片、音频、视频等文件，这些文件都是由二进制码组成的，正是因为拥有特定的保存格式和对应的解析方式，我们才可以看到这些形形色色的多媒体。下面以国家地理网页上的图片为例，利用 Requests 库爬取图片并保存在本地磁盘上。代码如下：

```
import requests
path='d://2021 网络爬虫与信息提取//bird1.jpg'

url='http://www.ngchina.com.cn/photocontest2020/images/pic1-5.jgp'
r=requests.get(url)
fb=open(path,'wb')     #以二进制模式打开文件
fb.write(r.content)    #将爬取的图片数据写入文件
fb.close()
```

在本地磁盘上成功下载"D:\2021 网络爬虫与信息提取\bird1.jpg"并打开这幅图片，效果如图 1-14 所示。

图 1-14　爬取图片到本地磁盘上

1.4　BeautifulSoup 库的使用

使用 Requests 库获取 HTML 页面并将其转换成字符串后，需要进一步解析 HTML 页面格式，提取有用信息。beautifulsoup4 库也称为 BeautifulSoup 库或 bs4 库，是一种灵活而又方便的网页解析 Python 库，但由于不是 Pyhton 自带的标准库，因此需要单独安装。安装方法如下：在 Windows 命令窗口中输入 pip install beautifulsoup4 命令，如图 1-15 所示。

图 1-15　安装 BeautifulSoup 库

安装完之后，需要在 Python 解释器中导入如下代码：

```
>>> from bs4 import BeautifulSoup        #注意，B 和 S 必须大写
```

BeautifulSoup 库中最重要的是 BeautifulSoup 类，在使用 from-import 导入 BeautifulSoup 库中的 BeautifulSoup 类之后，就可以使用 BeautifulSoup()创建 BeautifulSoup 对象了。

1.4.1　使用 BeautifulSoup 库解析页面信息

以前面的爬取京东商品页面为例，下面使用 BeautifulSoup 库进行解析。进入 IDLE 环境，在命令窗口中输入如下代码：

```
>>> import requests
>>> from bs4 import BeautifulSoup
>>> r=requests.get('https://item.jd.com/10000728425.html')
>>> r.encoding='utf-8'
>>> soup=BeautifulSoup(r.text,'html.parser')
>>> print(soup.prettify())
```

注意，当使用 BeautifulSoup 库进行页面解析时，第一个参数是要解析的 HTML 文档，本例中是 r.text；第二个参数是 BeautifulSoup 解析器，本例中是 html.parser，表示对 r.text 进行 HTML 解析。使用 print(soup.prettify())语句输出解析结果，如图 1-16 所示。

```
=====
<!DOCTYPE HTML>
<html lang="zh-CN">
 <head>
  <!-- shouji -->
  <meta content="text/html; charset=utf-8" http-equiv="Content-Type"/>
  <title>
   【联想小新Air14】联想(Lenovo)小新Air14锐龙版性能轻薄本 14英寸全面屏办公笔记本电脑(6
核R5-4600U 16G 512G 高色域)深空灰【行情 报价 价格 评测】-京东
  </title>
  <meta content="Lenovo小新Air14,联想小新Air14,联想小新Air14报价,Lenovo小新Air14报
价" name="keywords"/>
  <meta content="【联想小新Air14】京东JD.COM提供联想小新Air14正品行货,并包括Lenovo
小新Air14网购指南,以及联想小新Air14图片、小新Air14参数、小新Air14评论、小新Air14心得
、小新Air14技巧等信息,网购联想小新Air14上京东,放心又轻松" name="description"/>
  <meta content="telephone=no" name="format-detection"/>
  <meta content="format=xhtml; url=//item.m.jd.com/product/100007218425.html" ht
tp-equiv="mobile-agent"/>
  <meta content="format=html5; url=//item.m.jd.com/product/100007218425.html" ht
tp-equiv="mobile-agent"/>
  <meta content="IE=Edge" http-equiv="X-UA-Compatible"/>
  <link href="//item.jd.com/100007218425.html" rel="canonical"/>
  <link href="//misc.360buying.com" rel="dns-prefetch"/>
  <link href="//static.360buyimg.com" rel="dns-prefetch"/>
  <link href="//img10.360buyimg.com" rel="dns-prefetch"/>
  <link href="//img11.360buyimg.com" rel="dns-prefetch"/>
  <link href="//img13.360buyimg.com" rel="dns-prefetch"/>
  <link href="//img12.360buyimg.com" rel="dns-prefetch"/>
  <link href="//img14.360buyimg.com" rel="dns-prefetch"/>
  <link href="//img30.360buyimg.com" rel="dns-prefetch"/>
  <link href="//pi.3.cn" rel="dns-prefetch"/>
  <link href="//ad.3.cn" rel="dns-prefetch"/>
  <link href="//dx.3.cn" rel="dns-prefetch"/>
  <link href="//c.3.cn" rel="dns-prefetch"/>
```

图 1-16　解析结果

可以看出，使用 BeautifulSoup 库解析页面信息只需要两行代码。首先使用代码'from bs4 import BeautifulSoup' 导入 BeautifulSoup 库中的 BeautifulSoup 类，然后使用代码 "soup=BeautifulSoup(r.text,'html.parser')"创建 BeautifulSoup 对象 soup。创建的 soup 对象使用了树状结构，其中包含 HTML 页面中的每一个 Tag(标签)元素，如<head>、<body>等。具体来说，HTML 中的主要结构都变成了 BeautifulSoup 对象的一个属性，可以直接用<a>.<b>的形式获得。

其中，<b>的名称对应 HTML 中标签的名称。表 1-3 列出了 BeautifulSoup 对象的常用属性。

表 1-3　BeautifulSoup 对象的常用属性

属　　　性	描　　　述
head	HTML 页面的<head>内容
title	HTML 页面的标题，在<head>中，由<title>标记
body	HTML 页面的<body>内容
p	HTML 页面中第一个<p>标签的内容
strings	HTML 页面中所有呈现在 Web 上的字符串，即标签的内容
stripped_strings	HTML 页面中所有呈现在 Web 上的非空格字符串

1.4.2　BeautifulSoup 库的基本元素

BeautifulSoup 库是解析 HTML 或 XML 文件的功能库，而 HTML 文件其实是由一组标签组成的，标签之间存在上下游关系，形成一棵标签树，如图 1-17 所示。

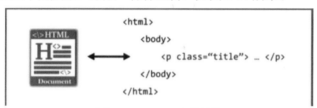

图 1-17　HTML 文件结构

BeautifulSoup 库是解析、遍历、维护"标签树"的功能库。只要提供的文件是标签类型，使用 BeautifulSoup 库就可以对它们进行很好的解析。例如，标签对象在 HTML 中都有类似的结构：<a class="title" href="http://www.nuomi.com">糯米</a>，其中 a 是标签的名称(name)，尖括号内的其他项是属性(attrs)，尖括号之间的内容是字符串(string)。因此，可以采用<a>.b 的形式获得对象的名称(name)、属性(attrs)和字符串(string)。BeautifulSoup 对象一共有 5 种基本元素，如表 1-4 所示。

表 1-4　BeautifulSoup 对象的 5 种基本元素

基 本 元 素	描　　　述
Tag	标签，最基本的信息组织单元，以<>开头并以</>结尾
Name	标签的名称，标签<p>…</p>的名称是'p'，格式为<tag>.name
Attribute	标签的属性，以字典形式进行组织，格式为<tag>.attrs
NavigatableString	标签中的非属性字符串，格式为<tag>.string
Comment	标签中的字符串注释部分

为了帮助大家更好地理解 BeautifulSoup 对象的 5 个基本元素，我们举个例子。现有一段格式不太规范的 HTML 文本，内容如图 1-18 所示，下面使用 BeautifulSoup 进行解析处理。

```
html_doc='''
<html><head><title>Simple test</title></head>
<body>
<!--注释-->
<p class="tile"><b>Simple test</b></p>
<p class="story">
Once upon a time there were three little sisters;and their names were
<a herf="http://example.com/elsie" class="sister" id="link1">Elsie</a>,
<a href="http://example.com/lacie" class="sister" id="link2">Lacie</a>and
<a href="http://example.com"/tillie" class="sister" id="link3">Tillie</a>
and they lived at the bottom of a well.</p>
<p class ="story">...</p>
</body>
</html>
'''
```

图 1-18　一段格式不规范的 HTML 文本

首先可从 BeautifulSoup 库中导入 BeautifulSoup 类：from bs4 import BeautifulSoup。然后创建 soup 对象：soup=BeautifulSoup(html_doc,'html.parser')，其中的第一个参数指定了准备解析的 HTML 文本，第二个参数指定了采用 HTML 格式的解析器进行解析。最后，使用 prettify()方法输出 BeautifulSoup 可识别的格式。示例如下：

```
>>>soup=BeautifulSoup(html_doc,'html.parser')
>>>print(soup.prettify())
```

解析结果如图 1-19 所示。

```
<html>
 <head>
  <title>
   Simple test
  </title>
 </head>
 <body>
  <!--注释-->
  <p class="tile">
   <b>
    Simple test
   </b>
  </p>
  <p class="story">
   Once upon a time there were three little sisters;and their names were
   <a class="sister" herf="http://example.com/elsie" id="link1">
    Elsie
   </a>
   ,
   <a class="sister" href="http://example.com/lacie" id="link2">
    Lacie
   </a>
   and
   <a class="sister" href="http://example.com" id="link3" tillie"="">
    Tillie
   </a>
   ;
   and they lived at the bottom of a well.
  </p>
  <p class="story">
   ...
  </p>
 </body>
</html>
```

图 1-19　解析结果

从解析结果可以看出，通过 BeautifulSoup 解析得到的 soup 文档是按照标准缩进格式输出的，从而为数据的过滤和提取做好了准备。

根据 soup 文档，对照 BeautifulSoup 对象的 5 种基本元素，有助于更好地理解 BeautifulSoup

架构。

1) 标签

HTML 页面中的每一个标签(Tag)元素，如<head>、<body>等，都变成了 BeautifulSoup 对象的一个属性，任何存在于 HTML 语法中的标签都可以使用"对象.<标签>"的形式访问获得，如 soup.title，运行结果是<title>Simple test</title>。当 HTML 文档中存在多个与同一内容对应的标签(<Tag>)时，soup.<tag>返回第一个标签的内容，如 soup.a。因为存在多个 a 标签(链接标签)，所以返回的是第一个 a 标签：<a class="sister" herf="http://example.com/elsie" id="link1">Elsie</a>。

2) 标签的名称(name)

每个标签都有自己的名称，可以使用<Tag>.name 的形式获取。在 IDLE 的交互窗口中输入如下代码，按回车键，得到的结果将是字符型：

```
>>>sopu.a.name
'a'
>>>sopu.a.parent.name
'p'
>>>sopu.a.parentparent.name
'body'
```

3) 标签的属性(Tag.attrs)

标签的属性是表明标签特征的相关区域，以字典形式组织，格式为<tag>.attrs。例如，要想查看 a 标签的属性，可以输入如下代码：

```
>>>print(soup.a.attrs)
```

上述代码的运行结果是以字典形式显示的，可以看到，属性是字典中的键，属性值则是字典中对应键的值：{'herf': 'http://example.com/elsie', 'class': ['sister'], 'id': 'link1'}。可以采用字典的形式提取每个属性的信息。例如，对于 a 标签的链接属性 soup.a.attrs['herf']，可以看到链接属性的值为 http://example.com/elsie。需要注意的是，标签可以有零个或多个属性。如果没有属性，那么 tag.attrs 获得的将是空字典。

4) 标签的 NavigableString

NavigableString 表示的是成对尖括号之间的那部分字符串，可通过<tag>.string 的形式来获取。例如，print(soup.a) 的运行结果是 <a class="sister" herf="http://example.com/elsie" id="link1">Elsie</a>。这时如果执行 print(soup.a.string)，可以看到结果为 Elsie。请注意，NavigableString 可以跨越多个标签层次。

5) 标签的注释

进入 IDLE，输入如下代码：

```
>>> newsoup=BeautifulSoup("<b><!--this is a comment--></b><p>this is not a comment</p>","html.parser")
```

请注意，在 HTML 页面中，<和！表示注释开始，newsoup.b.string 的返回结果是 This is a comment，利用 type(newsoup.b.string)可以看到 newsoup.b.string 的类型是<class 'bs4.element.comment'>。注释是一种特殊类型，在 HTML 页面中，经常通过<和!来判断内容是不是注释。

1.4.3 prettify()方法

使用 prettify()方法既可以为 HTML 文本的标签和内容增加换行符(\n)，又可以对每个标签进行相关处理。例如，对前面给出的 html_doc 示例文本进行如下处理：

```
soup=BeautifulSoup(html_doc,'html.parser')
print(soup.a.prettify())
```

处理结果如图 1-20 所示。

```
<a class="sister" herf="http://example.com/elsie" id="link1">
 Elsie
</a>
```

图 1-20　处理结果

prettify()方法在代码解析中具有很好的辅助作用。

1.4.4 基于 BeautifulSoup 库的 HTML 内容查找方法

仍以前面的 html_doc 示例文本为例。

在 IDLE 中输入如下代码：

```
soup=BeautifulSoup(html_doc,'html.parser')
print(soup.a.prettify())
```

运行后，可以看到返回的是第一个 a 标签，如图 1-21 所示。

```
<a class="sister" herf="http://example.com/elsie" id="link1">
 Elsie
</a>
```

图 1-21　运行结果

但是，如果需要列出标签对应的所有内容或者需要查找的并非第一个<a>标签，就要用到 BeautifulSoup 的 find()和 find_all()方法。这两个方法能够遍历整个 HTML 文档，并按照条件返回标签内容。

1. find_all()方法

find_all()方法的功能是根据参数找到对应的标签，返回列表类型并存储查找结果。格式如下：

```
BeautifulSoup.find_all(name,attrs,recursive,string,limit)
```

参数说明如下。
- name：用于标签名称的检索字符串。
- attrs：按照标签的属性值进行检索，需要列出属性的名称和值。
- recursive：是否进行全部检索，默认为 True。
- string：字符串区域中的检索字符串。
- limit：返回结果的个数，默认返回全部结果。

下面对每个参数的使用方法进行举例说明。

首先看一下 find_all()方法的第一个参数 name。仍以 html_doc 示例文本为例，可以通过 find_all()方法获得所有的<a>标签，代码如下：

```
#这是一个简单的 HTML 页面，请保存为字符串，然后完成后面的设计任务
from bs4 import BeautifulSoup
html_doc='''
<html><head><title>Simple test</title></head>
<body>
<!--注释-->
<p class="tile"><b>Simple test</b></p>
<p class="story">
Once upon a time there were three little sisters;and their names were
<a herf="http://example.com/elsie" class="sister" id="link1">Elsie</a>,
<a href="http://example.com/lacie" class="sister" id="link2">Lacie</a>and
<a href="http://example.com"/tillie" class="sister" id="link3">Tillie</a>;
and they lived at the bottom of a well.</p>
<p class ="story">...</p>
</body>
</html>'''
soup=BeautifulSoup(html_doc,'html.parser')
print(soup.find_all("a"))
```

运行后，结果如图 1-22 所示。可以看到，所有<a>标签的内容都被输出。

```
[<a class="sister" herf="http://example.com/elsie" id="link1">Elsie</a>, <a class="siste
r" href="http://example.com/lacie" id="link2">Lacie</a>, <a class="sister" href="http:/
/example.com" id="link3" tillie="">Tillie</a>]
```

图 1-22　find_all("a")的运行结果

find_all()方法的第二个参数是 attrs，用于检索某个标签对应的属性中是否包含某些字符信息。

以查找<p>标签中是否包含"story"这个字符串为例，将上述代码中的最后一条语句修改为 print(soup.find_all('p','story'))，运行后，结果如图 1-23 所示。可以看到，带有"story"属性值的所有<p>标签的内容都被输出。

```
[<p class="story">
Once upon a time there were three little sisters;and their names were
<a class="sister" herf="http://example.com/elsie" id="link1">Elsie</a>,
<a class="sister" href="http://example.com/lacie" id="link2">Lacie</a>and
<a class="sister" href="http://example.com" id="link3" tillie="">Tillie</a>;
and they lived at the bottom of a well.</p>, <p class="story">...</p>]
```

图 1-23　find_all('p','story')的运行结果

也可以对属性做相关约定。比如，以查找 id 属性是 link1 的值作为查找元素： print(soup.find_all(id="link1"))。运行后，结果如下：

```
[<a class="sister" herf="http://example.com/elsie" id="link1">Elsie</a>]
```

可以看到，返回的列表中包含的就是 id 属性等于 link1 的标签元素。

find_all()方法的第三个参数是 recursive，默认为 True，表示在搜索时是否针对所有节点进行搜索。

find_all()方法的第四个参数是 string。为了检索字符串'Simple test'，将上述代码中的最后一条语句修改为 print(soup.find_all (string='Simple test'))，运行结果为['Simple test', 'Simple test']。请注意，必须精确输入想要检索的字符串信息，才能检索成功。如果只想进行模糊检索，那么可以使用正则表达式来实现。

find_all()方法在 BeautifulSoup 库中还有一种简写形式，对于所有标签而言，可以用<tag>(…)代替<tag>.find_all(…)，还可以用 soup(…)代替 soup.find_all(…)，我们可以使用上述简短形式对文件信息进行检索。

2. get_text()方法

如果只想得到标签中包含的文本内容，那么可以使用 get_text()方法。使用 get_text()方法可以获取标签中包含的所有文本内容(包括子孙节点中的文本内容)，并将结果字符串返回。如果将前面的代码修改为 print(soup.get_text())，那么运行结果如图 1-24 所示。

```
Simple test


Simple test

Once upon a time there were three little sisters;and their names were
Elsie,
Lacieand
Tillie;
and they lived at the bottom of a well.
...
```

图 1-24　仅仅返回标签中包含的文本内容

3. select()方法

select()方法允许通过标签名、类名、id 名及其组合以及子标签来查找符合条件的节点。在进行查找时，最重要的模式由标签名、类名、id 和子标签组成。标签名不加修饰，类名前加.，id 名前加#，子标签通过">"或空格定义。返回的类型是列表类型。

1) 通过标签名和类名进行查找

```
soup=BeautifulSoup(html_doc,'html.parser')
print(soup.select('title'))    #通过标签名进行查找
print(soup.select('.sister'))   #通过类名进行查找，匹配符合条件 class='sister'的节点
```

运行结果如下：

```
[<title>Simple test</title>]
[<a class="sister" herf="http://example.com/elsie" id="link1">Elsie</a>, <a clas
s="sister" href="http://example.com/lacie" id="link2">Lacie</a>, <a class="siste
r" href="http://example.com" id="link3" tillie="">Tillie</a>]
```

2) 通过 id 名进行查找

```
print(soup.select('#link2'))   #通过 id 名进行查找
```

运行结果如下：

[<a class="sister" href="http://example.com/lacie" id="link2">Lacie</a>]

3) 通过组合进行查找

例如，查找<p>标签中 id 等于 link2 的内容，两者需要用空格分开。

print(soup.select('p #link2'))　#组合查找，匹配<p>标签中 id 等于 link2 的节点

运行结果如下：

[<a class="sister" href="http://example.com/lacie" id="link2">Lacie</a>]

4) 在进行查找时还可以加入属性元素，属性需要用中括号括起来。注意，属性和标签属于同一节点，中间不能加空格，否则无法匹配到。

print(soup.select('a[href="http://example.com/elsie"]'))

运行结果如下：

[<a class="sister" href="http://example.com/elsie" id="link1">Elsie</a>]

1.4.5　中国大学排名定向爬虫实例

定向爬虫就是指定一些网站的数据作为数据来源，并对这些数据进行爬取。定向爬虫一般针对只将单个或少量网站作为数据来源的情景，目的是抓取整个网站上有用的数据及图片信息。

每年世界上有很多机构都会对各个国家的大学进行排名。在这里，我们从"最好大学网"可以获得 2020 年中国最好大学排名，链接为 https://www.shanghairanking.cn/rankings/bcur/2020，如图 1-25 所示。请编写程序，通过这个链接爬取中国大学排名，并将排名信息输出。

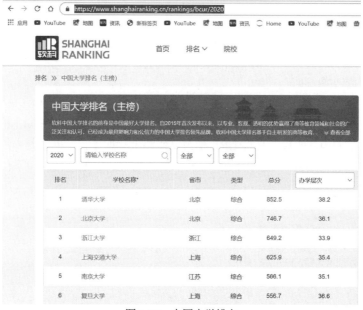

图 1-25　中国大学排名

程序的功能描述如下。

- 输入：中国大学排名的 URL 链接。
- 输出：中国大学排名信息的屏幕输出(排名，大学名称，总分)。
- 技术路线：Requests 库、BeautifulSoup 库。
- 定向爬虫：仅对输入的 URL 链接进行爬取，不扩展爬取。

根据以上功能描述，程序的结构设计如下：首先从网络上获取网页内容；然后分析网页内容并将有用数据提取到合适的数据结构中；最后利用数据结构展示或进一步处理数据。由于大学排名是典型的二维数据，因此采用二维列表存储涉及的相关数据。

可以使用 Requests 库从网络上获取网页内容，并使用 BeautifulSoup 库解析网页中的数据，提取学校的排名及相关数据，然后存储到二维列表中，最后输出到屏幕上。

根据程序的结构设计，可以构造三个函数；第一个函数是 getHTMLText()，主要功能是从网络上获取网页内容；第二个函数是 fillUnivList()，主要功能是提取网页信息并存储到一个二维列表中；第三个函数是 printUnivList()，主要功能是输出结果。

首先启动 IDLE，将 Requests 库和 BeautifulSoup 库导入。然后定义上述 3 个函数的框架：

```python
import requests
from bs4 import BeautifulSoup
def getHTMLText(url):
    return
def fillUnivList(ulist,html):
    pass
def printUnivList(ulist,num):
    print()
```

接下来定义主函数 main()，在主函数中，定义一个空的列表来存放大学信息，同时给出大学排名的 URL 链接，在主函数中调用前面定义的 3 个函数，代码如下：

```python
def main():
    url="https://www.shanghairanking.cn/rankings/bcur/2020"
    html=getHTMLText(url)
    uinfo=[]                      #创建存储大学排名的列表
    fillUnivList(uinfo,html)
    printUnivList(uinfo,20)       #输出排名前 20 的学校的信息
```

定义完主函数之后，分别编写 getHTMLText()、fillUnivList()和 printUnivList()函数的函数体。

GetHTMLText()函数的功能是将 URL 信息从网络上爬取下来，并将其中的 HTML 页面返回给其他程序。在函数体中，采用的是爬取网页的通用代码框架，代码如下：

```python
def getHTMLText(url):
    try:
        r=requests.get(url,timeout=30)
        r.raise_for_status()
        r.encoding=r.apparent_encoding
        return r.text
    except:
        return " "
```

fillUnivList()函数的功能是提取 HTML 页面中的关键数据，将它们填入一个列表中，这是整个程序的核心部分，这里需要使用 BeautifulSoup 库和 get_text()方法，代码如下：

```
def fillUnivList(ulist,html):                      #整理 HTML 页面信息并填入列表 ulist 中
    soup=BeautifulSoup(html,'html.parser')
    data=soup.find_all('tr')                       #找寻所有的<tr>标签
    for tr in data:
        ltd=tr.find_all('td')                      #找寻所有的<td>标签，将信息填入 ltd 列表中
        if len(ltd)==0:
            continue
        rank=ltd[0].get_text().strip()
        city=ltd[1].get_text().strip()
        score=ltd[4].get_text().strip()
        ulist.append([rank,city,score])
```

在打开的中国大学排名网页中，可以看到每所大学的排名信息都被封装到了<tr>和</tr>之间。在 HTML 中，<tr>标签表示表格中的行，<td>标签表示表格中的列。因此，为了获得表格中的数据，首先需要找到所有的<tr>标签，并遍历其中的每个<td>标签，同时使用 get_text()方法提取相关标签中的信息。其中，ltd[0].get_text()获取的是"排名"信息，ltd[1].get_text()获取的是"学校名称"信息，ltd[4].get_text()获取的是"总分"信息，然后追加到 ulist 列表中。

printUnivList()函数的功能是将 ulist 列表中存放的信息打印出来，num 参数表示输出多少所学校，代码如下：

```
def printUnivList(ulist,num):
    print('{:^10}\t{:^6}\t{:^10}'.format("排名","学校名称","总分"))
    for i in range(num):
        u=ulist[i]
        print('{:^10}\t{:^6}\t{:^10}'.format(u[0],u[1],u[2]))
```

运行结果如图 1-26 所示。

排名	学校名称	总分
1	清华大学	852.5
2	北京大学	746.7
3	浙江大学	649.2
4	上海交通大学	625.9
5	南京大学	566.1
6	复旦大学	556.7
7	中国科学技术大学	526.4
8	华中科技大学	497.7
9	武汉大学	488
10	中山大学	457.2
11	西安交通大学	452.5
12	哈尔滨工业大学	450.2
13	北京航空航天大学	445.1
14	北京师范大学	440.9
15	同济大学	439
16	四川大学	435.7
17	东南大学	432.7
18	中国人民大学	409.7
19	南开大学	402.1
20	北京理工大学	395.6

图 1-26 排名前 20 的大学

输出效果不尽如人意，学校名称没有对齐。这是因为中文和数字字符占用的宽度不同，format()方法中的{:N}只是约定了输出某个变量占用的字符数，而没有实际约束占用的字符宽度。这是在将中文和西文字符混排输出时经常会遇到的问题。西文字符占用一个位置宽度，而

中文字符占用多个位置宽度。

观察图 1-26，列出的 20 行中的每一列都有显著的类型特点，要么全是中文字符，要么全是数字。对于这类混排对齐问题，可从填充字符的角度考虑解决方案。以输出的第 2 列为例，"学校名称"列占用 10 个字符，当中文是 4 个字符时(如"清华大学")，其他 6 个字符采用西文空格填充；当中文是 6 个字符时("上海交通大学")，其他 4 个字符采用西文空格填充。但由于中文和西文字符占用的位置宽度不同，因此造成输出不能对齐。解决此问题的一种简单方法是替换填充字符，采用"中文全角空格"代替默认使用的"西文半角空格"，中文全角空格采用 chr(12288)表示，这样就能够对齐中文字符出现的所有列。改进后的代码如下：

```
def printUnivList(ulist,num):
    print('{0:^10}\t{1:{3}^6}\t{2:{3}^10}'.format("排名","学校名称","总分",chr(12288)))
    for i in range(num):
        u=ulist[i]
        print('{0:^10}\t{1:{3}^6}\t{2:{3}^10}'.format(u[0],u[1],u[2],chr(12288)))
```

在上述代码中，不仅在 format()方法中增加了 chr(12288)，而且在"学校名称"列中也增加了 chr(12288)，以使用中文全角空格进行填充，程序改进后的运行结果如图 1-27 所示。

```
==========
排名              学校名称              总分
1                清华大学              852.5
2                北京大学              746.7
3                浙江大学              649.2
4              上海交通大学            625.9
5                南京大学              566.1
6                复旦大学              556.7
7            中国科学技术大学          526.4
8              华中科技大学            497.7
9                武汉大学              488
10               中山大学              457.2
11             西安交通大学            452.5
12             哈尔滨工业大学          450.2
13             北京航空航天大学        445.1
14             北京师范大学            440.9
15               同济大学              439
16               四川大学              435.7
17               东南大学              432.7
18             中国人民大学            409.7
19               南开大学              402.1
20             北京理工大学            395.6
```
图 1-27　程序改进后的运行效果

1.5　正则表达式

正则表达式(regular expression)是用来简洁表达一组字符串的表达式，是用于处理字符串的强大工具。当编写 Web 程序时，经常会对含有复杂规则的字符串进行查询，而正则表达式就是将一些具有特殊含义的符号组合在一起，进而描述字符或字符串的规则。在 Python 中，可通过内嵌的 re 模块来实现正则表达式的功能。

1.5.1　正则表达式的语法

正则表达式的语法由字符和操作符构成。正则表达式常用的操作符如表 1-5 所示。

表 1-5　正则表达式常用的操作符

操作符	说　明	示　例
.	表示任意单个字符	
[]	字符集，对单个字符给出取值范围	[abc]表示 a、b、c，[a-z]表示取值范围为 a-z 的单个字符
[^]	非字符集，对单个字符给出排除范围	[^abc]表示非 a、非 b 或非 c 的单个字符
*	对前一个字符进行零次或无限次扩展	abc*表示 ab、abc、abcc、abccc 等
+	对前一个字符进行一次或无限次扩展	abc+表示 abc、abcc、abccc 等
?	对前一个字符进行零次或一次扩展	abc?表示 ab、abc
|	取左右表达式之一	abc|def 表示 abc、def
{m}	扩展前一个字符 m 次	ab{2}c 表示 abbc
{m,n}	扩展前一个字符 m 至 n 次(含 n 次)	ab{1,2}c 表示 abc、abbc
^	匹配字符串的开头	^abc 表示 abc 且在字符串的开头
$	匹配字符串的结尾	abc$表示 abc 且在字符串的结尾
()	分组标记，内部只能使用|操作符	(abc)表示 abc，(abc|def)表示 abc、def
\d	数字，等价于[0-9]	
\w	单词字符，等价于[A-Z a-z 0-9_]	

下面举例说明上述操作符的用法，如表 1-6 所示。

表 1-6　表 1-5 所示操作符的用法

正则表达式	对应的字符串
P(Y|YT|YTH|YTHO)?N	'PN' 'PYN' 'PYTN' 'PYTHN' 'PYTHON'
PYTHON+	'PYTHON' 'PYTHONN' 'PYTHONNN'…
PY[TH]ON	'PYTON' 'PYHON'
PY[^TH]?ON	'PYON' 'PYaON' 'PYbON' 'PYcON'…
PY{:3}N	'PN' 'PYN' 'PYYN' 'PYYYN'
[1-9]\d{5}	国内的邮政编码，6 位
\d{3}-\d{8}|\d{4}-\d{7}|\d{4}-\d{8}	国内的电话号码，如 0411-87536256

1.5.2　re 库简介

re 库也叫正则表达式库，它是 Python 自带的标准库，主要用于字符串匹配，导入方式是 import re。re 库使用 raw string 类型(原始字符串类型)来表示正则表达式，格式如下：r'text'。例如，国内邮政编码的正则表达式可以表示为 r'[1-9]\d{5}'，而国内电话号码的正则表达式可以表示为 r'\d{3}-\d{8}\|\d{4}-\d{7}\|\d{4}-\d{8}'。原始字符串类型与字符串类型的不同之处在于：前者需要在字符串的前面加上小写的字符 r。

原始字符串是指不包含转义符的字符串，在 Python 中，原始字符串中的\不会被解释成转义符。

1. re 库的功能函数

re 库的功能函数如表 1-7 所示。

表 1-7　re 库的功能函数

功能函数	说　明
re.search()	在一个字符串中搜索匹配正则表达式的第一个位置，返回 match 对象
re.match()	从一个字符串的开始位置起匹配正则表达式，返回 match 对象
re.findall()	搜索字符串，以列表类型返回能够匹配的全部子串
re.split()	将一个字符串按照正则表达式的匹配结果进行分割，返回的结果是列表类型
re.finditer()	搜索字符串，返回一种能够匹配结果的迭代类型，每个迭代元素是 match 对象
re.sub()	在一个字符串中替换所有能够匹配正则表达式的子串，并返回替换后的字符串

这 6 个功能函数非常常用，下面进行具体介绍。

1) re.search(pattern, string, flags=0)

该函数的功能是扫描整个字符串并返回第一个成功的匹配，返回的是 match 对象。参数说明如下。

- pattern：正则表达式的字符串或原始字符串表示。
- string：待匹配字符串。
- flags：正则表达式使用的控制标记。常用的控制标记有如下 3 个。
    - re.I(re.IGNORECASE)：忽略正则表达式的大小写，[A-Z]也能够匹配小写字符。
    - re.M(re.MULTILINE)：正则表达式中的^操作符能够将给定字符串的每行当作匹配的开始。
    - re.s(re.DOTALL)：正则表达式中的.操作符能够匹配所有字符，默认匹配除换行外的所有字符。

如果要表示浮点数中的小数点，可使用\.。请看下面的例子，使用 search()函数从字符串中搜索数字字符 123 第一次出现时的匹配情况，如果匹配成功，返回匹配对象。

```
>>> import re
>>> text='123abc456eabc789'
>>> ret=re.search(r'[1-9]\d{2}',text)
>>> ret
<re.Match object; span=(0, 3), match='123'>
```

可以看到，匹配成功了，还返回了一个 match 对象。其中，span(start,end)中的 start 表示匹配字符串在原始字符串中的开始位置，end 表示匹配字符串在原始字符串中的结束位置。

2) re.match(pattern, string, flags=0)

该函数的功能是从一个字符串的开始位置起匹配正则表达式，返回 match 对象。该函数也有 3 个参数——pattern、string、flag，它们的含义与 search()函数中的相同。请看下面的例子，使用 match()函数从字符串'abc116600'的开始位置匹配正则表达式 r'[abc]{3}'，如果匹配成功，返回 match 对象，否则返回 None。

```
>>> re.match(r'[abc]{3}','abc116600')
<re.Match object; span=(0, 3), match='abc'>
```

3) re.findall(pattern, string, flags=0)

该函数的功能是搜索字符串，以列表类型返回能够匹配的全部子串。参数 pattern、string 和 flags 的含义与 search()函数中的相同。请看下面的例子，使用 findall()函数搜索字符串'abc23456eabc789'，以列表形式返回能够匹配'abc'的全部子串。

```
>>> import re
>>> text='123abc456eabc789'
>>> re.findall(r'[abc]{3}',text)
['abc', 'abc']
```

4) re.split(pattern, string, maxsplit=0, flags=0)

该函数的功能是将一个字符串按照正则表达式的匹配结果进行分割，返回的结果是列表类型。其中，maxsplit 参数表示最大分割数，剩余部分将作为最后一个元素输出。其他 3 个参数的含义与 search()函数中的相同。请看下面的例子，使用 split()函数将字符串'abc123456eabc789'按照正则表达式 r' [1-9]\d{2}'的匹配结果进行分割，此处 maxsplit 参数被设置为 1。

```
>>> import re
>>> text='abc123456eabc789'
>>> re.split(r'[1-9]\d{2}',text,maxsplit=1)
['abc', '456eabc789']
```

上述代码运行后，返回的结果是['abc', '456eabc789']，原始字符串是按照正则表达式 r' [1-9]\d{2}'进行分割的，这个正则表达式的含义是首字符一定是 1~9，之后有两个数字位；maxsplit=1 意味着将最大分割数设置为 1，于是在整个字符串中从数字字符 123 开始分割，'abc' 被分割出来，剩下的'456eabc789'则作为最后一个元素输出。

5) re.finditer(pattern, string, flags=0)

该函数的功能是搜索字符串，返回一种能够匹配结果的迭代类型，每个迭代元素是 match 对象。finditer()函数与 findall()函数都搜索字符串，所不同的是：findall()函数返回的结果是列表类型；而 finditer()函数返回的结果是迭代类型，每个迭代元素是 match 对象。编写如下代码，搜索原始字符串中的'abc'字符串并输出。

```
>>> import re
>>> text='abc123456e abc789'
>>> ret=re.finditer(r'[abc]{3}',text)
>>> for e in ret:
    print(e)
    print(e.group(0))

<re.Match object; span=(0, 3), match='abc'>
abc
<re.Match object; span=(11, 14), match='abc'>
abc
```

6) re.sub(pattern, repl, string, count=0,flags=0)

该函数的功能是在一个字符串中替换所有能够匹配正则表达式的子串，并返回替换后的字符串。其中，repl 参数的含义是替换匹配字符串的字符串，count 参数的含义是匹配的最大替换次数，其他 3 个参数的含义同 search()函数。

例如，搜索字符串 text，并用字符串'word'代替字符串'abc'，代码如下：

```
>>> import re
>>> text='abc123456eabc789'
>>> ret=re.sub(r'[abc]{3}','word',text)
>>> ret
'word123456e word789'
```

运行结果是'word123456eword789'。

7) re.compile(pattern,flags=0)

该函数的功能是将正则表达式的字符串形式编译成正则表达式对象，当程序中的表达式被多次使用时，可使用 re.compile()生成正则表达式对象并重用，从而使程序更有效率。一般情况下，compile()函数经常和 search()、match()、findall()、split()、finditer()、sub()等函数搭配使用。

在下面的代码中，首先将正则表达式的字符串形式编译成正则表达式对象，然后对字符串进行搜索，返回的结果是列表类型：

```
>>> import re
>>> text='abc123456eabc789'
>>> ret=re.compile(r'[abc]{3}')
>>> ret.findall(text)
['abc', 'abc']
```

2. re 库的贪婪匹配和最小匹配

下面通过一个例子讲解 re 库的贪婪匹配和最小匹配。使用 re 库中的 search()函数在给定的字符串中匹配正则表达式(r'py.*N')，这个正则表达式表示的是以字符串'py'开头、以字符 N 结尾、中间可以匹配零个或多个字符串的表达式。这样的正则表达式可以在给定的字符串中存在多项匹配，最短的是'pyaN'，还可以是'pyaNbN'、'pyaNbNcN'，最长的则是整个字符串'pyaNbNcNdN'。

```
>>> m=re.search(r'py.*N','pyaNbNcNdN')
>>> m.group(0)
'pyaNbNcNdN'
```

那么 re 库会返回哪个结果呢？re 库默认采用贪婪匹配方式——输出匹配的最长子串，因此输出的结果是'pyaNbNcNdN'。

如果想要输出匹配的最短子串，该如何操作呢？可以将正则表达式 r'py.*N'修改成 r'py.*?N'，这样就可以输出匹配的最短子串'pyaN'。

注意，由于 search()函数返回的是 match 对象，因此 match 对象中的 group(0)方法的含义是获得匹配后的字符串。

最小匹配则在贪婪匹配的基础上进行了扩展。如果想要获得 re 库中的最小匹配，只需要在操作符的后面添加一个?，参见表 1-8。当操作符可以匹配不同长度的子串时，就可以通过在操作符的后面加上?来实现最小匹配。

表 1-8　re 库的最小匹配

操　作　符	说　　　明
*?	对前一个字符进行零次或无限次扩展，最小匹配
+?	对前一个字符进行一次或无限次扩展，最小匹配
??	对前一个字符进行零次或一次扩展，最小匹配
{*m,n*}?	扩展前一个字符 *m* 至 *n* 次(含 *n* 次)，最小匹配

1.6　数据解析与提取实例

目前，越来越多的人依赖网购，大家足不出户就可以购买来自全国各地的商品。网购就要依赖网购平台，目前的网购平台有很多，其中淘宝就是重要的网购平台之一。下面就以在淘宝网购平台上选购商品为例，进行商品比价定向爬虫介绍。

首先登录淘宝网，在搜索区域输入想要购买的商品，比如输入"书包"，单击"搜索"按钮，随后将显示各种书包的图片和信息，如图 1-28 所示。本例想要实现的功能是获取淘宝搜索页面的信息，提取其中的商品名称和价格。

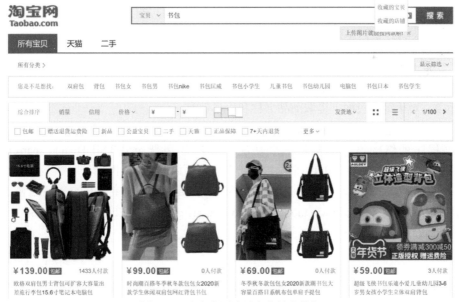

图 1-28　在淘宝网购平台上搜索书包

1. 功能描述

实现功能：获取淘宝搜索页面的信息，提取其中的商品名称和价格。

技术路线：采用 Requests 库和 re 库。

难点：本例由两部分构成。第一部分是获得淘宝的搜索接口，这部分不难实现。第二部分是在淘宝的显示页面上只显示部分商品的结果，更多的商品信息则通过"下一页"这样的翻页形式展示出来。如何展示翻页的处理结果呢？这是本例的难点。

2. 程序分析

下面看一下在淘宝搜索页面上提交"书包"关键词之后，浏览器返回的链接信息。

第一页的链接接口是：

```
https://s.taobao.com/search?q=%E4%B9%A6%E5%8C%85&imgfile=&commend=all&ssid=s5-e&search_type=item&sourceId=tb.index&spm=a21bo.2017.201856-taobao-item.1&ie=utf8&initiative_id=tbindexz_20170306&bcoffset=6&ntoffset=6&p4ppushleft=1%2C48&s=0
```

第二页的链接接口是：

```
https://s.taobao.com/search?q=%E4%B9%A6%E5%8C%85&imgfile=&commend=all&ssid=s5-e&search_type=item&sourceId=tb.index&spm=a21bo.2017.201856-taobao-item.1&ie=utf8&initiative_id=tbindexz_20170306&bcoffset=3&ntoffset=3&p4ppushleft=1%2C48&s=44
```

第三页的链接接口是：

```
https://s.taobao.com/search?q=%E4%B9%A6%E5%8C%85&imgfile=&commend=all&ssid=s5-e&search_type=item&sourceId=tb.index&spm=a21bo.2017.201856-taobao-item.1&ie=utf8&initiative_id=tbindexz_20170306&bcoffset=0&ntoffset=6&p4ppushleft=1%2C48&s=88
......
```

观察前三页的链接接口，s 参数分别被设置为 0、44 和 88，这表示每一页展示的商品有 44 个，s 参数的值就是每一页上第一个商品的序号。由此，可以得到向淘宝提供搜索的接口以及对应每一个不同翻页的 URL 的参数变量。

3. 程序的结构设计

步骤 1：提交商品搜索请求，循环获取页面。
步骤 2：对于每个页面，提取商品名称和价格信息。
步骤 3：将信息输出到屏幕上。

根据程序的结构设计，构造三个功能函数，分别是 getHTMLText()、parsePage() 和 printGoodsList()函数。getHTMLText()函数用于获取页面内容，由于网站一般都不允许爬虫任意爬取网站信息，因此对于能否获取淘宝页面的内容，需要看一下淘宝网站的 Robots 协议。在浏览器的地址栏中输入 https://www.taobao.com/robots.txt，回车后可以看到以下内容：

```
"User-Agent: Baiduspider
Disallow: /"
```

可以看到，淘宝搜索页面是不允许爬虫任意爬取网页信息的。本例仅探讨技术实现，目的是进行教学研究。请注意，不要不加限制地爬取网站信息。

下面看看 getHTMLtext()函数的实现代码，这部分代码的主要任务是使用 Requests 库获取淘宝搜索页面的代码内容。由于淘宝搜索页面现在不能直接爬取，因此修改一下访问请求的表头信息。

如何修改访问请求的表头信息呢？

首先，登录自己的淘宝账号，现在淘宝要求在进行网页版搜索时，必须先登录，登录后才能获取所能爬取到页面信息的 cookie。

其次，打开搜索页面后，按 F12 功能键，进入开发者调试页面。也可右击，从弹出的快捷菜单中选择"检查"命令，再按 F5 功能键刷新页面。按照图 1-29 中的箭头指示进行操作，将 User-Agent 信息和 cookie 信息全部复制到一个头文件中，并赋给变量 mn。

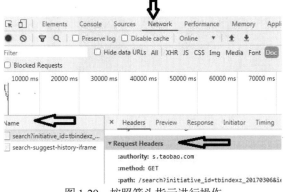

图 1-29　按照箭头指示进行操作

mn={ 'cookie': '淘宝页面的 cookie', 'User-Agent ': ''Mozilla/5.0(Windows NT 10.0; WOW64) \
AppleWebKit/537.36 (KHTML, like Gecko)Chrome/74.0.3729.131 Safari/537.36 '}

将 mn 变量作为 requests.get()函数的表头参数，这样就可以访问淘宝搜索页面的表头信息了。注意，头文件需要用一对大括号括起来。

getHTMLText()函数的实现代码如下，这里依旧采用网络爬虫的通用代码框架。

```
def getHTMLText(url):
    try:
        mn={'cookie': '淘宝页面的 cookie ', 'user-agent ': ' 淘宝页面的 user-agent '}
        #具体的 cookie 内容涉及账户隐私，此处不进行展示
        r=requests.get(url,headers=mn,timeout=20)
        r.raise_for_status()
        r.encoding=r.apparent_encoding
        return r.text
    except:
        return " "
```

parsePage()函数的功能是从每个页面提取商品名称和价格信息，并存放到一个列表中。parsePage()函数是爬取商品名称和价格信息的关键。首先在"书包"搜索页面上右击，从弹出的快捷菜单中选择"查看网页源代码"命令，如图 1-30 所示，分析商品名称和商品价格分别由哪个字段控制。商品名称可能是 title 或 raw_title 字段，进一步查看几个商品后，发现 raw_title 字段更合适。商品价格是 view_price 字段。商品价格和商品名称都是以键值对的形式呈现的。例如，商品名称字段"raw_title":"瑞士军刀瑞戈双肩背包男瑞士学生书包女"如图 1-31 所示，商品价格字段"view_price":"189.00"如图 1-32 所示。根据这些信息就可以进行代码的编写了。

图1-30 选择"查看网页源代码"命令

g_page_config = {"pageName":"mainsrp","mods":{"shopcombotip":{"status":"hide"},"phonenav":{"status":"hide"},"debugbar":{"status":"hide"},"shopcombo":{"status":"hide"},"itemlist":{"status":"show","data":{"postFeeText":"运费","trace":"msrp_auction","auctions":[{"p4p":1,"p4pSameHeight":true,"nid":"570437187019","category":"","pid":"","title":"瑞士军刀瑞戈双肩背包瑞士中学生高中\u003cspan class\u003dH\u003e书包\u003c/span\u003e男初中生女大容量电脑包","raw_title":"瑞士军刀瑞戈双肩背包男瑞士学生书包女","pic_url":"//g-

图1-31 源代码中的商品名称字段

oIsD9673DyfwJknm%2BOPE4BZZ2FrVIZIfFtH17sY05126eoDEHskCOSKp2ENfXJJIYoa0
oyv3MV2E70RF8b3P3fcbT9EGRIJOO5SBtmM6co4Qw%2F48Z3WnDG8Hkn5LMBZcp7JmZwyN
0066BnKyAwpUAAGZ%2BhFd1mUNp15eR%2BvKI4kHPUWbxm8YNKxBPIO6AMiOi6cIv9100p
nWkkA%3D%3D","view_price":"189.00","view_fee":"0.00","item_loc":"广东
1":"2261046774","nick":"瑞戈箱包旗舰店","shopcard":{"levelClasses":

图1-32 源代码中的商品价格字段

代码如下：

```
def parsepage(ilt,html):
    try:
        plist=re.findall(r'"view_price":"[\d\.]*"',html)          #提取商品价格
        tlist=re.findall(r'"raw_title":".*?"',html)               #提取商品名称
        print(plist)
        for i in range(len(plist)):
            price=eval(plist[i].split(':')[1])
            title=eval(tlist[i].split(':')[1])
            ilt.append([price,title])
    except:
        print('失败')
```

与爬取"中国最好大学"不同，商品信息不像之前的大学信息是以HTML格式嵌入的，这里的商品信息并未以HTML标签的形式处理数据，而是直接以脚本语言体现，所以直接使用正则表达式提取关键信息即可。

从网页提取商品名称和价格信息并存放到ilt列表中，然后通过第三个函数printGoodslist()输出到屏幕上。代码如下：

```
def printGoodslist(ilt):
    print('{:4}\t{:8}\t{:20}'.format('序号','价格','商品名称'))
    count=0
```

```
    for j in ilt:
        count+=1
        print('{:4}\t{:8}\t{:20}'.format(count,j[0],j[1]))
#将爬取结果保存到文件中
with open('goodsdata.csv','w') as f:
    for j in ilt:
        f.write(','.join(j)+'\n')
```

三个功能函数编写完之后，下面编写主函数 main()，记录整个程序的运行过程。在函数体中定义搜索关键词变量 goods，同时定义向下一页爬取的深度。假设只爬取当前页和第二页，因此将深度设定为 2。另外，还要给出淘宝爬取信息的相关 URL。通过 for 循环，对每个页面进行单独的访问并处理商品信息，将信息输出到屏幕上，然后将爬取的信息保存到文件中，供后续处理数据时使用。代码如下：

```
def main():
    goods='书包'
    depth=2
    start_url="https://s.taobao.com/search?q=" + goods
    infolist=[]
    for i in range(depth):
        try:
            url=start_url+'&s='+str(44*i)
            html=getHTMLText(url)
            parsepage(infolist,html)
        except:
            continue
    printGoodslist(infolist)
main()
```

运行结果如图 1-33 所示。

序号	价格	商品名称
1	189.00	瑞士军刀瑞戈双肩背包男瑞士学生书包女
2	39.90	北包包中学生书包女韩版初中生高中森系少女ins简约大容量双肩包
3	39.00	北包包2020新款潮书包韩版帆布百搭男女时尚双肩包森系大学生背包
4	189.00	瑞士军刀瑞戈双肩背包瑞士中学生高中书包男初中生女大容量电脑包
5	209.00	瑞戈瑞士双肩包男初中高中学生书包女旅行包休闲瑞士军刀背包户外
6	59.00	超级飞侠书包乐迪小爱儿童幼儿园3-6岁男女孩小学生立体双肩背包
7	207.00	卡通赛罗奥特曼拉杆书包小学生1-3-5年级男生儿童书包6轮子爬楼梯
8	44.85	奥特特曼书包小学生男孩1-3年级宝宝大班幼儿园可爱儿童背包潮
9	97.50	新款二三四五儿童书包一年级男小学生剌客伍六七包女大容量轻便
10	438.00	荷兰Backcare小学生书包一二三到六年级男孩女儿童减负护脊超轻便
11	438.00	backcare书包小学生一二三四五六年级男女儿童轻便减负护脊减压
12	25.12	小黄鸭书包宝宝背包儿童幼儿园可爱1-3岁2早教双肩包宝宝生日礼物
13	125.00	KK剑桥树书包小学生男孩一二三到六年级儿童6-12岁男童双肩包减负
14	69.00	迪士尼书包小学生男童女童儿童双肩包三到六年级一二护脊减负超轻
15	79.00	南极人小学生书包女日本一二三到六年级护脊减负儿童双肩背包轻便
16	69.00	新款书包小学生女童一二三到六年级护脊儿童2020女孩韩版轻便减负
17	59.00	双肩包男士大容量电脑旅行背包女时尚潮流大学生高中初中学生书包
18	59.00	大容量男士双肩包休闲旅行电脑背包时尚潮流女初中学生书包大学生
19	149.00	双肩包男士包多功能商务17寸电脑包休闲书包大容量出差旅行背包
20	289.00	欧洲站双肩包真皮男旅游包时尚男士背包大容量真皮包包学生书包
21	175.00	kk剑桥树儿童拉杆书包小学生男孩1-6年级拉杆箱书包男童防水爬楼
22	86.00	迪士尼小学生书包一三六年级美国队长男孩儿童减负轻便双肩包
23	950.00	Gaston Luga瑞典潮牌电脑双肩包男背包女大容量旅行包休闲书包
24	195.02	国家地理背包女运动户外时尚电脑双肩背包男旅行防水学生情侣书包大
25	129.00	uek小学生书包男孩女生一二三四五六年级护脊双肩6-12岁轻便儿童
26	134.00	鳄鱼男士双肩包包商务休闲电脑背包大容量旅行时尚潮流初中学生书包
27	198.00	阳光8点　小学生书包一二三到六年级男大童超轻减压护脊轻便减负
28	3078.00	金实佳　日本代购 ISSEYMIYAKE 三宅一生 双肩包 磨砂黑书包 背包
29	118.00	kk树书包小学生儿童书包一三到六年级双肩包护脊减负女孩10到12岁
30	169.20	米菲双肩包女2020新款潮小学生书包大容量韩版原宿初中生卡通背包
31	118.00	迪士尼儿童书包女小学生一三到四五六女童二轻便护脊减负年级2020
32	125.00	KK树书包小学生女孩6-12岁儿童一二三到六年级女童双肩包护脊减负

图 1-33　爬取的部分信息

感兴趣的读者还可以使用 Requests 库和正则表达式爬取猫眼电影排名前 100 名的影片，运行结果如图 1-34 所示。

图 1-34　爬取猫眼电影排名前 100 名的影片

1.7　小结

本章介绍了实现网络爬虫的基本原理和方法，还介绍了 Requests 和 BeautifulSoup 两个库的使用方法以及解析 HTML 页面信息的方法，通过两个简单的实例展示了在互联网中如何快捷、高效地获取定向网页数据。这是比较初级的爬虫知识，大家可以按照实例进行操作，这有助于大家对爬虫的爬取过程有个直观的认识。在实际应用中，还有很多优秀的爬虫库，大家需要时可以借助网络查阅相关资料，这里不再做过多介绍。

第 2 章　数据处理

前面介绍的网络爬虫的主要功能是进行信息的收集，信息收集完毕后，下一步要做的就是对收集的信息进行数据处理。Python 中常用的数据处理方面的第三方库有 NumPy 库和 Pandas 库，本章就来介绍这两个库的基本使用方法。

2.1　NumPy 库的基本使用方法

NumPy 库是 Python 用来支持数据分析和处理的重要扩展库，该库提供了功能强大的数组和丰富的运算函数。下面介绍 NumPy 库的一些基本概念和操作。

2.1.1 NumPy 库的安装

NumPy 是扩展库，而不是 Python 标准库。对于使用 IDLE 环境的读者来说，使用前需要安装该库。安装方法如下。

首先，通过快捷键 Win+R，打开"运行"窗口，输入 cmd，回车后打开命令窗口，如图 2-1 所示。

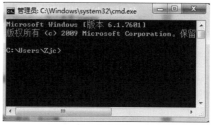

(a) "运行"窗口　　　　　　　　(b) 命令窗口

图 2-1　"运行"窗口和命令窗口

然后，在命令窗口中输入 pip install numpy 指令以安装 NumPy 库，如图 2-2 所示。

图 2-2　NumPy 库的安装指令

由于默认使用国外线路，因此当进行在线安装时，经常可能会因为数据传输慢导致安装失败，建议安装 NumPy 库时使用国内的镜像网站，如清华镜像，指令如下：

```
pip install numpy -i https://pypi.tuna.tsinghua.edu.cn/simple
```

安装成功后，进入 IDLE 环境，导入 NumPy 库，并以 np 作为别名。在后面的内容中，np 将代表 NumPy 库：

```
>>>import numpy as np
```

2.1.2 创建数组

NumPy 库提供的数组对象名为 ndarray，相对于列表和元组，数组(ndarray)的使用更节省内存，更方便运算。常见的创建数组的方法有三种。

1. 使用 array()函数创建数组

可以使用 np.array()函数直接在已有的 Python 元组和列表的基础上创建数组，示例如下：

```
>>>import numpy as np
```

```
>>> a=np.array([1,2,3])
>>> a
array([1, 2, 3])
>>> print(a)
[1 2 3]
```

从执行结果可以看出：变量 a 是 ndarray 对象，输出的内容为[1 2 3]，虽然形式上看起来与列表很像，但区别很大。列表中的元素是以逗号进行分隔的，而数组 a 中的元素是以空格进行分隔的。

还可以根据二维列表来创建数组，示例如下：

```
>>>import numpy as np
>>> a=np.array([[1,2,3],[3,4,5],[4,5,6]])
>>> print(a)
[[1 2 3]
 [3 4 5]
 [4 5 6]]
```

2. 使用 arange()函数创建数组

为了方便创建数组，NumPy 还提供了与内置函数 range() 类似的函数 arange()，可通过指定起始值(start)、终止值(end)和步长(step)来创建一维数组，注意与 range()函数一样，这里也不包括终止值。语法格式如下：

```
np.arange(start,end,step)
```

可将这里的 arange()函数看作数组版的 range()函数，使用 arange()函数生成一维数组，然后就可以使用 reshape()函数将一维数组变成想要的多维数组(形状)，而原有数组的维数可以保持不变，示例如下：

```
>>>import numpy as np
>>> a = np.arange(0, 100, 5)
>>> print(a)
[ 0   5 10 15 20 25 30 35 40 45 50 55 60 65 70 75 80 85 90 95]
>>> b = a.reshape(4,-1)    #改变一维数组 a 的形状为 4 行
>>> print(b)
[[ 0   5 10 15 20]
 [25 30 35 40 45]
 [50 55 60 65 70]
 [75 80 85 90 95]]
```

3. 使用 zeros()、ones()、empty()函数创建特定数组

- np.zeros()：创建指定大小的数组，数组元素以 0 填充。
- np.ones()：创建指定形状的数组，数组元素以 1 填充。
- np.empty()：创建指定形状且未初始化的数组。

需要注意的是，使用以上函数创建的数组元素的类型是 float64。

示例如下：

```
>>>import numpy as np
>>> a = np.zeros((2,3))        # 创建 2 行 3 列的全 0 数组
>>> print(a)
[[0. 0. 0.]
 [0. 0. 0.]]
>>> a = np.ones((3,3))         #创建 3 行 3 列的全 1 数组
>>> print(a)
[[1. 1. 1.]
 [1. 1. 1.]
 [1. 1. 1.]]
>>> a = np.empty((2,2))        #创建 2 行 2 列的未初始化数组
>>> print(a)
[[4.00535364e-307 2.33648882e-307]
[3.44900029e-307 1.78250172e-312]]
```

通过对结果进行观察，可以发现程序在输出结果数据时，会在值的后面加上小数点，所创建的数组元素的类型是 float64。

4. 使用 random 模块创建随机数数组

NumPy 库提供了用于生成随机数的 random 模块，利用随机数也可以创建数组。下面列出了 random 模块中几个常用的随机数数组创建函数的用法。

- np.random.random()：创建指定个数的随机数数组，数组元素是取值区间为[0，1]的随机小数。
- np.random.randn()：创建指定形状的数组，数组元素是取值区间为[0,1]的随机小数。
- np.random.randint ()：创建指定形状的数组，数组元素是处于指定范围的随机整数。

示例如下：

```
>>>import numpy as np
>>> a=np.random.random(5)           #创建一维数组，其中包含 5 个取值区间为[0,1)的随机小数
>>> print(a)
[0.59381773 0.27926502 0.11701909 0.48526301 0.46205977]
>>> a=np.random.randn(2,3)          #创建 2 行 3 列的随机数数组
>>> print(a)
[[ 0.82851272 -1.02648334 -0.64463269]
 [-0.24097982 -0.90170041   0.15544653]]
>>> a=np.random.randint(10,99,10)     #创建随机数数组，其中包含 10 个取值范围为 10~99 的整数
>>> print(a)
[47 16 58 86 42 88 57 49 70 81]
>>> a=np.random.randint(10,99,(3,3))   #创建二维数组，其中的元素是随机的两位正整数
>>> print(a)
[[50 33 93]
 [48 74 53]
 [54 10 14]]
```

2.1.3 数组的访问

1. 数组的属性

数组对象创建完毕后，可以通过一些属性查看数组的基本信息，表 2-1 列出了数组对象的常用属性及说明。

表 2-1 数组对象的常用属性及说明

属　　　性	说　　　明
ndim	数组的维数
shape	数组的形状，即数组的行数和列数
size	数组的元素个数
dtype	数组的元素类型

示例如下：

```
>>> a = np.arange(0, 100, 5)
>>> b = a.reshape(4,-1)
>>> print(b.ndim,b.size,b.shape,b.dtype,sep=',')
2,20,(4, 5),int32
```

数组 b 是通过对数组 a 进行 reshape()函数调用创建的。通过输出数组 b 的属性可以看出，数组 b 的维数为 2、元素个数是 20、形状是 4 行 5 列、元素类型是 int32。

2. 数组的索引和切片

NumPy 数组支持索引和切片操作，同时也支持正向索引和逆向索引。数组的切片操作与列表相似，也需要提供初始下标(start)、终止下标(stop)和步长(step)，切片的数据中不包含终止下标(stop)。利用切片操作，可以访问和修改指定的数组元素。

一维数组的切片示例如下：

```
>>>import numpy as np
>>> a = np.arange(10)          #一维数组的索引和切片
>>> print(a)
[0 1 2 3 4 5 6 7 8 9]
>>> print(a[5])                #访问下标为 5 的数组元素
5
>>> print(a[-1])               #支持逆向索引访问数组元素
9
>>> print(a[3:5])              #数组切片，不包含终止下标
[3 4]
>>> a[2:4] = 100,101           #利用切片修改数组元素
>>> print(a)
[  0   1 100 101   4   5   6   7   8   9]
```

二维数组的切片示例如下：

```
>>>import numpy as np
>>> a = np.arange(20)              #一维数组的索引和切片
>>> b = a.reshape(4,-1)            #二维数组的索引和切片
>>> print(b)
[[ 0  1  2  3  4]
 [ 5  6  7  8  9]
 [10 11 12 13 14]
 [15 16 17 18 19]]
>>> print('二维切片：',b[1,2:4])   #访问第 2 行中的第 3 和第 4 列元素
二维切片： [7 8]
>>> print('二维切片：',b[2:,2:])   #访问第 2 和第 3 行中的第 3~5 列元素
二维切片： [[12 13 14]
 [17 18 19]]
```

2.1.4 数组相关操作

1. 数组与常量的运算

NumPy 数组支持与常量进行加、减、乘、除、幂运算，运算后得到的新数组的元素是原数组中的每个元素与常量运算后的结果。示例如下：

```
>>>import numpy as np
>>> a = np.arange(6)
>>> print('数组 a:',a)          #创建一维数组 a
数组 a: [0 1 2 3 4 5]
>>> b=a+3
>>> print('数组 b:',b)          #输出一维数组运算结果
数组 b: [3 4 5 6 7 8]
>>> c = a.reshape(2,-1)         #创建二维数组 c
>>> d=c+3
>>> print('数组 d:',d)          #输出二维数组运算结果
数组 d: [[3 4 5]
 [6 7 8]]
```

通过上面的示例可以看出，不管是一维数组还是多维数组，在与常量进行运算时，数组中的每个元素都需要参与运算。

2. 数组与数组的运算

数组与数组运算时，情况较为复杂，需要考虑数组的形状。在不同的情况下，运算规则也不同。

● 形状一样的两个数组进行运算，会将对应位置的元素进行运算，并得到一个新的数组。示例如下：

```
>>>import numpy as np
>>> a = np.array([[1,2],[3,4]])   #创建两个形状一样的数组 a 和 b
>>> b=np.array([[1,1],[1,1]])
>>> print('数组 a+b： \n',a+b)    #输出数组运算结果
```

```
数组 a+b：
[[2 3]
[4 5]]
```

- 当参与运算的两个数组的形状不一样时，如果符合广播规则，NumPy 就实行广播机制进行运算。

```
>>>import numpy as np
>>> a = np.array([1,2])                #a 是一维数组
>>> b=np.array([[1,1],[1,1],[1,1]])    #b 是 3 行 2 列的二维数组
>>> print('数组 a+b：\n',a+b)           #在对不同维度的数组进行运算时，实行广播机制
数组 a+b：
[[2 3]
[2 3]
[2 3]]
```

通过上面的示例可以看出，a 是 1 行 2 列的一维数组，b 是 3 行 2 列的二维数组。在对这两个数组进行+运算时，将对数组 a 的两个元素与数组 b 的每一行中对应列的元素进行运算，这就是广播机制。

但在实际应用时需要注意，并非所有不同维度的数组在进行运算时都符合广播规则。如果不符合广播规则，解释器就会报错，停止运算。

3. 数组的复制

有时候，我们需要创建数组的副本来进行运算，并且要求不对原数组产生任何影响。数组的复制可通过 copy()函数来完成。与列表不同的是，数组的 copy()函数可以实现对数据和数组的完全复制，因此使用起来更方便。

示例如下：

```
>>>import numpy as np
>>> b=np.arange(6)
>>> a=b.copy()                  #对数组 b 进行复制
>>> a=a+3
>>> print('数组 a',a)
数组 a [3 4 5 6 7 8]
>>> print('数组 b',b)
数组 b [0 1 2 3 4 5]
```

4. 数组的函数运算

NumPy 库还为数组提供了丰富的运算函数，包括算术运算函数、三角运算函数、比较运算函数、统计运算函数等。有些函数虽然 Python 也有，但是建议对于数组对象，最好还是使用 NumPy 库提供的函数。表 2-2 列出了几个比较常用的数组运算函数。

表2-2　常用的数组运算函数

函　　数	说　　明	函　　数	说　　明
isnan()	判断数组是否有缺失值	mean()	数组元素的均值
any()	判断数组是否有 True 值	median()	数组元素的中位数
sum()	数组元素的和	std()	数组元素的标准差
max()	数组的最大值	var()	数组元素的方差
min()	数组的最小值		

1) 判断数组是否有缺失值

NumPy 数组使用 nan 来标记缺失值。如果数组含有缺失值，那么当需要进行很多函数运算时，由于缺失值的存在，解释器会直接报错或返回 nan，这将影响到处理结果。为了不影响计算结果的准确性，在计算前应该先判断数组中是否有缺失值。可结合 any() 和 isnan() 函数来判断数组中是否存在缺失值。示例如下：

```
>>>import numpy as np
>>> b=np.array([1,2,3,np.nan])       #创建含有缺失值的数组
>>> print(np.isnan(b))               #判断是否有缺失值，返回一个布尔数组
[False False False True]
>>> print(np.any(np.isnan(b)))       #判断是否有缺失值，返回一个逻辑值
True
```

利用这种方式可以很容易地判断数组是否有缺失值。遇到有缺失值的数组，计算时最好使用可以过滤无效值的函数，如 np.nansum()。关于如何处理缺失值，后续章节中会有详细介绍，这里不展开讨论。

2) 数组的常规统计

表 2-2 列出的都是数组常用的统计函数，它们能够统计出数组的基本特征。这些函数几乎都支持使用轴向参数 axis 对数组进行指定方向的计算。当指定 axis 参数为 1 时，表示对数组进行横向计算；当指定 axis 参数为 0 时，表示对数组进行纵向计算。若不指定 axis，系统默认会对数组进行平铺，所有元素都参与运算。示例如下：

```
>>>import numpy as np
>>> a=np.random.randint(10,99,(2,2))       #创建 2 行 2 列的二维数组
>>> print(a)
[[34 44]
 [64 12]]
>>> print(np.max(a),np.mean(a),np.std(a),sep=" ;")
                         #统计数组的最大值、均值和标准差
64 ;38.5 ;18.728320800328042
>>> print(np.max(a,1),np.mean(a,1),np.std(a,1),sep=" ;")
                         #统计每一行的最大值、均值和标准差
[44 64] ;[39. 38.] ;[ 5. 26.]
```

5. 文件存取

在 NumPy 的日常使用中，我们经常会从文件中读取已经存在的数据并创建成数组。此外，还会将计算后的数组保存到文件中。这些文件大多是文本文件，如.txt 和.csv 文件。NumPy 提

供了 savetxt()和 loadtxt()函数来进行这些文件的读写，如表 2-3 所示。

表2-3　文件存取函数

函　　　数	说　　　明
savetxt()	将数组写入文件中，可以指定分隔符
loadtxt()	以指定的分隔符，从文件读取数据到数组中

语法格式如下：

```
np.loadtxt(Filename, dtype, delimiter=' ')
np.savetxt(Filename, ndarray, fmt, delimiter=",")
```

参数 delimiter 用来指定分隔符。

loadtxt()函数中的 dtype 参数代表获取的数据类型，如果不设置的话，默认为 float64。

在 savetxt()函数中，需要写明想要保存的数组对象 ndarray。fmt 参数代表写出的数据类型，%d 表示 int32，如果缺省，默认为 float64。

示例如下：

```
>>>import numpy as np
>>> a=np.random.randint(10,99,(4,4))        #创建 4 行 4 列的二维数组
>>> np.savetxt(r'd:/实验指导/data.txt',a,fmt="%d",delimiter=',')
```

执行后，打开指定的目录，将会看到文件 data.txt，打开这个文件后，即可看到写入的数据，如图 2-3 所示。

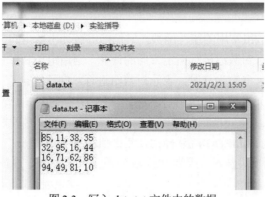

图 2-3　写入 data.txt 文件中的数据

在从文件读取数据到数组中时，如果不指明 dtype，那么默认数据元素的类型为 float64。示例如下：

```
>>>import numpy as np
>>> b=np.loadtxt(r'd:/实验指导/data.txt',delimiter=',')                #不指明 dtype
>>> print(b)
[[85. 11. 38. 35.]
 [32. 95. 16. 44.]
 [16. 71. 62. 86.]
```

```
    [94. 49. 81. 10.]]
>>> print(b.dtype)
float64
>>> b=np.loadtxt(r'd:/实验指导/data.txt',dtype=int,delimiter=',')      #指明 dtype
>>> print(b)
[[85 11 38 35]
 [32 95 16 44]
 [16 71 62 86]
 [94 49 81 10]]
>>> print(b.dtype)
int32
```

2.2　Pandas 库的基本使用方法

Pandas(Python Data Analysis Library)是基于 NumPy 的数据分析模块，提供了大量标准数据模型和高效操作大型数据集所需的工具。可以说，Pandas 是使 Python 能够成为高效且强大的数据分析环境的重要因素之一。Pandas 不是 Python 标准库，使用 IDLE 环境的读者在使用 Pandas 之前需要安装该库。

2.2.1　Pandas 库的安装

Pandas 库的安装方法与安装 NumPy 库一样。打开命令窗口，在命令窗口中输入 pip install pandas 指令即可安装 Pandas 库，如图 2-4 所示。

图 2-4　Pandas 库的安装指令

由于默认使用国外线路，因此当进行在线安装时，经常可能会因为数据传输慢导致安装失败，建议也同前面安装 NumPy 库时一样，使用国内的镜像网站。

安装成功后，进行模块导入。因为 Pandas 的很多操作都是在 NumPy 的基础上进行的，所以在导入模块时通常将这两个库一并导入：

```
>>>import pandas as pd
>>>import numpy as np
```

2.2.2　序列 Series

Series 是 Pandas 提供的一维数组，由索引(index)和值(value)两部分组成，在结构上类似于字典。其中，值的类型可以不同。如果在创建 Series 时没有明确指定索引，就自动使用从 0 开始的非负整数作为索引。

Pandas 的 Series()函数用于创建序列。Series()函数可以接收来自列表、字典和 ndarray 对象的数据。

1. 创建空的 Series 对象

示例如下：

```
>>> import pandas as pd
>>> s=pd.Series()
>>> print(s)
Series([], dtype: float64)
```

2. 通过列表创建 Series 对象

通过列表创建 Series 对象时，可以指定 index 参数。如果没有指定，Pandas 会自动创建整型索引。示例如下：

```
>>> import pandas as pd
>>> list1=[3,5,9,11]
>>> x=pd.Series(list1)                    #创建 Series 对象时不指定索引
>>> print(x)
0     3
1     5
2     9
3     11
dtype: int64
>>> y=pd.Series(list1,index=['a','b','c','d'])   #指定索引
>>> print(y)
a     3
b     5
c     9
d     11
dtype: int64
```

3. 通过 NumPy 数组创建 Series 对象

通过 Numpy 数组创建 Series 对象时，如果不指定索引，Pandas 会自动创建索引。示例如下：

```
>>> import pandas as pd
>>>import numpy as np
>>> s=pd.Series(np.arange(0, 20, 5))
>>> print(s)
0     0
1     5
2     10
3     15
dtype: int32
```

4. 通过字典创建 Series 对象

通过字典创建 Series 对象时，字典中的键会作为 Series 对象的索引，字典中的值会作为 Series 对象的值。因此，当通过字典创建 Series 对象时，不必指定 index，示例如下：

```
>>> import pandas as pd
>>> dic1={'a':2,'b':5,'c':8,'d':7}
>>> s=pd.Series(dic1)              #通过字典创建 Series 对象
>>> print(s)
a    2
b    5
c    8
d    7
dtype: int64
```

2.2.3 DataFrame

DataFrame 是一种类似于二维表格的数据结构，既有行索引(index)，又有列索引(columns)。DataFrame 可以理解为由多个 Series 组成。每个 Series 在 DataFrame 中称为列(column)。

1. 创建 DataFrame 对象

Pandas 的 DataFrame()函数用来创建 DataFrame 对象。DataFrame()函数可以接收来自 ndarray 对象、列表、字典甚至 DataFrame 对象的数据。

1) 通过 NumPy 数组创建 DataFrame 对象时，可以使用 index 和 columns 参数指定 DataFrame 对象的行索引和列索引。如果不指定，Pandas 会自动创建整型索引，示例如下：

```
>>> import pandas as pd
>>>import numpy as np
>>> df=pd.DataFrame(np.arange(20).reshape(4,5)) #不指定行列索引
>>> print(df)
    0   1   2   3   4
0   0   1   2   3   4
1   5   6   7   8   9
2  10  11  12  13  14
3  15  16  17  18  19
>>> #指定行列索引
>>> df= pd.DataFrame(np.arange(20).reshape(4,5),index=list('abcd'),columns=list('一二三四五'))
>>> print(df)
   一   二   三   四   五
a   0   1   2   3   4
b   5   6   7   8   9
c  10  11  12  13  14
d  15  16  17  18  19
```

2) 通过字典创建 DataFrame 对象时，如果没有指定 columns 参数，那么字典中的键会被当作列索引，示例如下：

```
>>> df=pd.DataFrame({'col1':[1,2,3,4,5],'col2':[2,3,4,5,6]}, index=list('abcde'))
>>> print(df)
    col1   col2
a     1      2
b     2      3
c     3      4
```

```
d    4    5
e    5    6
```

2. 查看数据

1) 查看 DataFrame 对象的基本信息

对于创建后的 DataFrame 对象，可以使用 info()函数查看 DataFrame 对象的基本信息。

```
>>> import pandas as pd
>>> df=pd.DataFrame({'col1':[1,2,3,4,5],'col2':[2,3,4,5,6]},
                    index=list('abcde'))
>>> print(df.info())
<class 'pandas.core.frame.DataFrame'>
Index: 5 entries, a to e
Data columns (total 2 columns):
 #    Column   Non-Null Count   Dtype
---   ------   --------------   -----
 0    col1     5 non-null       int64
 1    col2     5 non-null       int64
dtypes: int64(2)
memory usage: 100.0+ bytes
None
```

由基本信息可以看出，创建的 DataFrame 对象 df 的行索引有 5 个，名称为'a~'e'，列索引有两个，名称为'col1'和'col2'，元素中没有缺失值。

2) 查看部分数据

可以使用 head()和 tail()函数查看 DataFrame 对象中处于顶部和底部的 n 行数据。不指定行数的话，默认将返回 5 行数据，示例如下：

```
>>> import pandas as pd
>>> df=pd.DataFrame({'col1':[1,2,3,4,5],'col2':[2,3,4,5,6]}, index=list('abcde'))
>>> print(df.head(2))
     col1   col2
a     1      2
b     2      3
>>> print(df.tail(2))
     col1   col2
d     4      5
e     5      6
```

3) 数据的索引访问

Pandas 通过索引来实现 DataFrame 数据的访问、提取及修改。

● 基础索引方式

由 DataFrame 的组成可知，DataFrame 是带有索引的二维数组，我们可以像字典那样以列索引名作为关键字来访问 DataFrame 中的某列数据，示例如下：

```
>>> import pandas as pd
>>> df=pd.DataFrame({'col1':[1,2,3,4,5],'col2':[2,3,4,5,6]}, index=list('abcde'))
>>> print(df['col1'])                    #访问列标签为'col1'的列
```

```
a    1
b    2
c    3
d    4
e    5
Name: col1, dtype: int64
```

此外，还可以使用切片来切分指定行中的数据。

```
>>> print(df['col1'][2:5])              #访问第 1 列的第 3~5 行数据
c    3
d    4
e    5
Name: col1, dtype: int64
```

● 使用 loc()函数

loc()函数根据索引名来访问数据，基本语法结构如下：

```
DataFrame.loc [行索引名或条件，列索引名]
```

需要注意的是，loc()函数使用的符号是[ ]，行索引在前、列索引在后。如果要访问所有行或所有列，可用:代替。

```
>>> print(df.loc['a',: ])               #输出行索引为'a'的所有列中的数据
col1    1
col2    2
Name: a, dtype: int64
>>> df.loc['a',:]=0                      #将行索引为'a'的所有列中的数据改为 0
>>> print(df)
     col1   col2
a     0      0
b     2      3
c     3      4
d     4      5
e     5      6
```

在 loc()函数中，索引名的输入形式有多种：既可以是单个索引名，又可以是索引名组成的列表，还可以是布尔类型的条件。这样在访问数据时，就可以涉及多行多列的数据子集。

```
>>> print(df.loc[['a','c'],:])
     col1   col2
a     0      0
c     3      4
>>> print(df.loc[df['col2']>3,:])        #提取满足第 2 列数据大于 3 这一条件的数据子集
     col1   col2
c     3      4
d     4      5
e     5      6
```

● 使用 iloc()函数

与 loc()函数不同，iloc()函数根据索引的具体位置来获取数据，基本语法结构如下：

DataFrame.iloc [行索引位置，列索引位置]

索引位置必须是整数下标，不能使用索引名。iloc()函数的基本用法与loc()函数相似，行索引在前、列索引在后。如果想要访问整列或整行数据，可用:代替，示例如下：

```
>>> print(df.iloc[[0,2],:])
    col1   col2
a     0      0
c     3      4
```

3. 处理缺失值

通常，在我们获取的数据中，某些值有可能不是完整的，我们称之为缺失值。在对多个DataFrame对象进行运算时，有时候也会产生缺失值。Pandas主要使用np.nan来表示缺失值，还提供了一系列缺失值处理函数。常见的缺失值处理函数有三个，分别是 isnull()、dropna()和fillna()。

1) 判断缺失值

isnull()函数用来判断DataFrame中的每个元素是否为np.nan，并返回一个布尔数组。

下面就通过创建一个含有缺失值的DataFrame对象来演示isnull()函数的用法和效果。

```
>>> import pandas as pd
>>> import numpy as np
>>> df=pd.DataFrame(np.arange(16).reshape(4,4),
                index=list('甲乙丙丁'),columns=list('ABCD'))
>>> df1=df.reindex(columns=list(df.columns) + ['E'])
>>> df1.loc[['甲','丙'], 'E'] = 1
>>> print(df1.isnull())
      A       B       C       D        E
甲   False   False   False   False    False
乙   False   False   False   False    True
丙   False   False   False   False    False
丁   False   False   False   False    True
```

观察输出结果，可以发现df1的'E'列中的第2行和第4行有缺失值。

在实际使用时，其实还有更简单的方法可用来判断DataFrame中是否有缺失值。前面介绍过DataFrame的info()函数，该函数可以给出指定DataFrame对象的基本信息。在不含缺失值的DataFrame中，每列数据的Non-Null Count值应该都是一样的。如果发现某些列的Non-Null Count值与其他列不一致，基本就能判断DataFrame中存在缺失值。

示例如下：

```
>>> print(df1.info())
<class 'pandas.core.frame.DataFrame'>
Index: 4 entries, 甲 to 丁
Data columns (total 5 columns):
 #   Column   Non-Null Count    Dtype
---  ------   --------------    -----
 0   A         4 non-null        int32
 1   B         4 non-null        int32
```

```
 2    C         4 non-null       int32
 3    D         4 non-null       int32
 4    E         2 non-null       float64
dtypes: float64(1), int32(4)
memory usage: 208.0+ bytes
None
```

观察输出结果，可以发现 df1 的'E'列数据的 Non-Null Count 值与其他列不一样，这表明'E'列中存在缺失值。

2) 删除缺失值

在发现 DataFrame 中存在缺失值后，一种处理方式是删除缺失值所在行中的数据。可以使用 dropna()函数删除带有缺失值的行，该函数将返回一个新的不含缺失值的 DataFrame 对象，示例如下：

```
>>> print(df1.dropna())   #删除 df1 中的缺失值
     A  B  C   D   E
甲   0  1  2   3   1.0
丙   8  9  10  11  1.0
```

执行 df1.dropna()后，新得到的 DataFrame 对象中的数据由原来的 4 行变为现在的两行，含有缺失值的'乙'和'丁'两行已经被删除。注意，此时 df1 对象本身的数据没变。

3) 填充缺失值

发现缺失值后，如果相关行中的数据还必须保留以进行下一步的数据统计，就不能删除缺失值所在行中的数据。另一种处理方式是对缺失值进行填充，可以使用 fillna()函数填充缺失值，示例如下：

```
>>> import pandas as pd
>>> import numpy as np
>>> df=pd.DataFrame(np.arange(16).reshape(4,4),
              index=list('甲乙丙丁'),columns=list('ABCD'))
>>> df1=df.reindex(columns=list(df.columns) + ['E'])
>>> df1.loc[['甲','丙'], 'E'] = 1
>>> print(df1.fillna(value=5))   #将缺失值统一填充为 5
     A   B   C   D   E
甲   0   1   2   3   1.0
乙   4   5   6   7   5.0
丙   8   9   10  11  1.0
丁   12  13  14  15  5.0
```

执行 df1.fillna(value=5)后，程序会返回一个新的 DataFrame 对象。这个 DataFrame 对象中的缺失数据已经被统一填充。df1 对象本身的数据仍然没变，这一点在实际使用时一定要注意。

4. 处理重复值

在进行数据处理时，经常会碰到有重复数据的情况，重复数据的处理是数据处理中经常要面对的问题之一。在进行数据统计之前，应该删除重复数据，以免这些重复数据对数据分析产生不良影响。DataFrame 的 drop_duplicates()函数可以返回一个新的不含重复数据的 DataFrame 对象，示例如下：

```
>>> import pandas as pd
>>>import numpy as np
>>>#创建含重复值的 df
>>> df=pd.DataFrame(np.ones((4,4)),
                    index=list('甲乙丙丁'),columns=list('ABCD'))

>>> print(df)
     A    B    C    D
甲  1.0  1.0  1.0  1.0
乙  1.0  1.0  1.0  1.0
丙  1.0  1.0  1.0  1.0
丁  1.0  1.0  1.0  1.0
>>> print(df.drop_duplicates())
     A    B    C    D
甲  1.0  1.0  1.0  1.0
```

5. 统计分析

1) 描述性统计函数

Pandas 库基于 NumPy 库,因此前面介绍的 NumPy 统计函数也都适用于 DataFrame 对象的统计分析。此外,Pandas 还提供了一些描述性统计函数,如表 2-4 所示。

表 2-4 Pandas 提供的描述性统计函数

函　　　数	说　　　明	函　　　数	说　　　明
mean()	均值	median()	中位数
std()	标准差	sem()	标准误差
cov()	协方差	corr()	相关性
max()	最大值	min()	最小值

与 NumPy 统计函数不同的是,Pandas 的这些函数在进行统计时,如果不指定轴向参数 axis,那么默认将对列数据进行计算。

```
>>> import pandas as pd
>>>import numpy as np
>>> df=pd.DataFrame(np.arange(16).reshape(4,4),
                    index=list('甲乙丙丁'),columns=list('ABCD'))
>>> print(df.sum())          #按列进行求和
A    24
B    28
C    32
D    36
dtype: int64
>>> print(df.sum(axis=1))    #按行进行求和
甲     6
乙    22
丙    38
丁    54
dtype: int64
```

2) describe()函数

Pandas 的 describe()函数实现了更便捷的数据统计，能一次性获得 DataFrame 对象最重要的几个统计特征，示例如下：

```
>>> print(df.describe())   #查看 df 对象的基本统计信息
              A          B          C          D
count   4.000000   4.000000   4.000000   4.000000
mean    6.000000   7.000000   8.000000   9.000000
std     5.163978   5.163978   5.163978   5.163978
min     0.000000   1.000000   2.000000   3.000000
25%     3.000000   4.000000   5.000000   6.000000
50%     6.000000   7.000000   8.000000   9.000000
75%     9.000000  10.000000  11.000000  12.000000
max    12.000000  13.000000  14.000000  15.000000
```

观察输出结果，我们得到了 df 对象中数据的个数、均值、标准差、最大值、最小值等统计数据。

3) 值统计函数 value_counts()

value_counts()函数用于统计数据出现的频率。该函数隶属于 Series 对象，因此当用于 DataFrame 时，需要指定对哪一列或哪一行使用，示例如下：

```
>>> import pandas as pd
>>> ss = pd.Series(['北京', '广州', '上海', '北京', '杭州', np.nan,'北京','上海'])
>>> ss.value_counts()
北京     3
上海     2
广州     1
杭州     1
dtype: int64
```

观察输出结果，可以发现 ss 是 Series 对象。在 ss 对象中，"北京"出现了 3 次，"上海"出现了两次，而且 value_counts()函数在进行统计时默认会忽略缺失值。

6. Pandas 分组操作

DataFrame 支持使用 groupby()函数进行分组操作，可按照指定的一列或多列数据进行分组，得到一个 GroupBy 对象。GroupBy 对象支持使用大量的方法对列数据进行求和等运算，并且会自动忽略非数值列。语法格式如下：

```
DataFrame.groupby(by=None，axis=0)
```

参数 by 用于确定分组的关键字，可以接收字符串、列表、字典等数据。参数 axis 用于确定计算的轴向，默认以列为计算方向。

示例如下：

```
>>> import pandas as pd
>>> df=pd.DataFrame({'class':['A 班','B 班','A 班','B 班'],
                    'score':[78,65,80,75]},
                   index=['stu1','stu2','stu3','stu4'])
>>> print(df)
```

	class	score
stu1	A班	78
stu2	B班	65
stu3	A班	80
stu4	B班	75

```
>>> #将 df 对象按照 class 字段进行分组并计算平均成绩
>>> print(df.groupby('class').mean())
```

class	score
A班	79
B班	70

7. Pandas 的高阶转换函数

1) map()函数

map()函数可用于 Series 对象或 DataFrame 对象的一列，接收函数或字典对象作为参数，返回经过函数或字典映射处理后的值。其语法格式如下：

Series.map(arg)

参数 arg 可以是一个函数，也可以是一个包含映射关系的字典。具体示例如下：

```
>>> import pandas as pd
>>> #创建城市空气质量的 DataFrame 对象 df
>>> df=pd.DataFrame({'城市':['北京','大连','天津','沈阳'],
                '空气质量':[ '98', '55', '88', '27']})
```

这里创建的 df 中的"空气质量"列的值是字符串类型，对后续的数据运算可能会带来类型上的问题。这种情况下，可以使用 map()函数进行映射处理，将该列的所有数据映射到 int()函数中进行类型转换。

```
>>> df['空气质量']= df['空气质量'].map(int)
>>> df.info()   #通过 info 查看 df 列信息
<class 'pandas.core.frame.DataFrame'>
RangeIndex: 4 entries, 0 to 3
Data columns (total 2 columns):
城市         4 non-null object
空气质量       4 non-null int64
dtypes: int64(1), object(1)
memory usage: 144.0+ bytes
```

2) apply()函数

当需要完成复杂的数据映射操作处理时，通常会使用 apply()函数。Series 对象和 DataFrame 对象都可以使用 apply()函数。用于 Series 对象的 apply 方法，其作用与 map 方法类似，但它能够传入功能更为复杂的函数。示例如下：

```
>>>#定义函数 fix, 对参数 x 进行 bias 数据调整
>>> def fix(x,bias):
    return x+bias
>>> df=pd.DataFrame({'F':['a','b','c'],'V':[10,8,7]})   #建立数据表 df
>>> df
   F  V
0  a  10
```

```
1  b  8
2  c  7
>>> df['V']=df['V'].apply(fix,args=(2,))    #对'V'列数据应用 fix 函数进行数据调整
>>> df
   F  V
0  a  12
1  b  10
2  c  9
```

DataFrame 的 apply 方法，可接收各种各样的函数，同时可通过指定 axis 参数来确定是按列还是按行对数据进行处理，非常灵活便捷。示例如下：

```
>>>data=pd.DataFrame({'SN':['001','002','003','004','005'],
'C1':[75,60,57,88,68],'C2':[95,70,66,81,62],'C3':[77,80,62,75,72]})
>>>data
    SN   C1  C2  C3
0  001  75  95  77
1  002  60  70  80
2  003  57  66  62
3  004  88  81  75
4  005  68  62  72
>>>data[['C1','C2','C3']].apply(np.sum,axis=0)        #对 data 的 3 个列在列方向上计算总和
C1    348
C2    374
C3    366
dtype: int64
>>>#下面进行每行数据计算，定义计算总成绩的函数 score_sum()
>>> def score_sum(series):
    #函数功能按照 C1 占 30%,C2 占 30%,C1 占 40%的标准计算每行的总分
    s=series['C1']*0.3+series['C2']*0.3+series['C3']*0.4
    return s
>>> data['Score']=data.apply(score_sum,axis=1)     #对每行数据进行计算，得到'Score'列
>>>data
    SN   C1  C2  C3  Score
0  001  75  95  77  81.8
1  002  60  70  80  71.0
2  003  57  66  62  61.7
3  004  88  81  75  80.7
4  005  68  62  72  67.8
```

8. pandas 的数据透视表 pivot()函数

pivot()函数通过指定的索引(index)和列(column)的值从已给定的 DataFrame 对象重新生一个 DataFrame 对象，即生成一个"透视"表。语法格式如下：

dDataFrame.pivot(index, columns, values)

参数 index：指定一列作为透视表的索引，如果为空，则默认为原来的索引。

参数 columns：指定一列的值作为透视表的列名。

参数 values：指定一列作为生成 DataFrame 对象的值。

示例如下：

```
>>>#创建一个含有学号 SN，课程 CN 和成绩 SC 的 DataFrame
>>> Scores=pd.DataFrame({'SN':['001','002','001','003','002','003'],
        'CN':['C1','C1','C2','C2','C2','C1'],
        'SC':[90,72,77,65,80,78]})
>>> Scores
    SN  CN  SC
0   001  C1  90
1   002  C1  72
2   001  C2  77
3   003  C2  65
4   002  C2  80
5   003  C1  78
>>>#对成绩表 Scores 以课程 CN 的值为列名，以 SC 为值建立数据透视表
>>>scores.pivot(index='SN',columns='CN',values='SC')
CN   C1  C2
SN
001  90  77
002  72  80
003  78  65
```

9. pandas 数据读取与存储

Pandas 提供了很多函数，既可以方便地将外部文件中的数据导入 DataFrame 对象中，又可以将 DataFrame 对象中的数据导出到文件中。

1) CSV 文件的存取

Pandas 提供了 read_csv()和 to_csv()函数来进行 CSV 文件的读写。

示例如下：

```
import pandas as pd
import numpy as np
df=pd.DataFrame({'class':['A 班','B 班','A 班','B 班'],
                'score':[78,65,80,75]},
                index=['stu1','stu2','stu3','stu4'])
df.to_csv('data1.csv')   #将 df 对象中的数据写到文件 data1.csv 中
```

将代码文件保存到指定的目录后，按 F5 功能键运行程序，程序将在指定的目录下生成 data1.csv 文件。打开该文件，如图 2-5 所示，其中保存的数据与 df 对象中的数据一致。

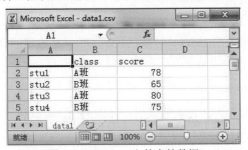

图 2-5　data1.csv 文件中的数据

读取 CSV 文件的示例代码和运行结果如下：

```
import pandas as pd
df1=pd.read_csv('data1.csv')        #将 CSV 文件中的数据导入 df1 对象中
print(df1)
>>> ============ RESTART: D:\实验指导\demo3.py ============
    Unnamed: 0    class    score
0       stu1      A 班      78
1       stu2      B 班      65
2       stu3      A 班      80
3       stu4      B 班      75
```

2) Excel 文件的存取

Pandas 提供了 read_excel() 和 to_excel() 函数来进行 Excel 文件的读写。与 CSV 文件不同的是，在进行 Excel 文件的读写时，除了指定 Excel 文件的路径，还需要指定 Excel 文件的 sheet 表名。sheet_name 参数就是用来指定 sheet 表名的，默认为 sheet1。

示例如下：

```
import pandas as pd
import numpy as np
df=pd.DataFrame({'class':['A 班','B 班','A 班','B 班'],
                 'score':[78,65,80,75]},
                 index=['stu1','stu2','stu3','stu4'])
df.to_excel('data.xlsx')   #将 df 数据写到文件 data.xlsx 中
```

上述程序运行后，将在当前文件夹下生成 data.xlsx 文件。双击打开这个文件，可以发现数据被写入 sheet 表名为 sheet2 的工作表中，如图 2-6 所示。

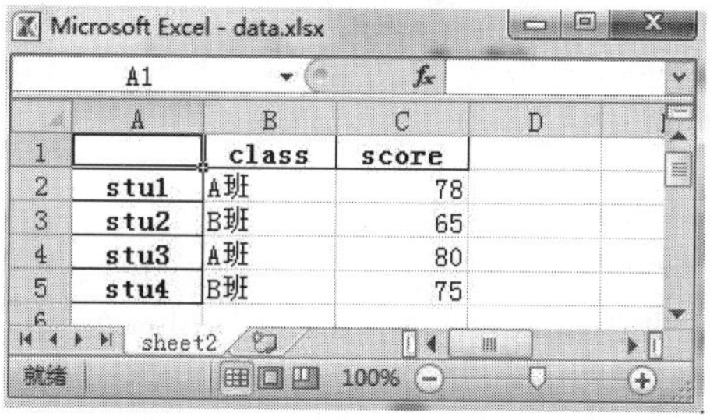

图 2-6　data.xlsx 文件中的数据

读取 Excel 文件的示例代码和运行结果如下：

```
import pandas as pd
df1=pd. read_excel('data.xlsx', sheet_name='sheet2')   #将 Excel 文件中的数据导入 df1 对象中
print(df1)
>>> ============ RESTART: D:\实验指导\demo4.py ============
    Unnamed: 0    class    score
0       stu1      A 班      78
1       stu2      B 班      65
2       stu3      A 班      80
3       stu4      B 班      75
```

在 Python 中，如果想对 Office 文件进行读写处理，那么需要安装 openpyxl 库，否则代码会报错。

2.3 实例分析

本节通过处理 CSV 文件中包含的某公司差旅数据来演示 Pandas 在数据处理方面的常用操作和流程。存储数据的文件名为"差旅.csv"，存放在当前工作目录(d:\实验指导)中。文件里的部分数据如图 2-7 所示。

图 2-7 "差旅.csv"文件中的部分数据

(1) 导入 Pandas 库和 NumPy 库，读取数据文件并创建 DataFrame 对象。创建完之后，使用 info()函数查看 DataFrame 对象的基本信息。

```
>>> import pandas as pd
>>> import numpy as np
>>> df=pd.read_csv(r'd:\实验指导\差旅.csv')
>>> df.info()
<class 'pandas.core.frame.DataFrame'>
RangeIndex: 401 entries, 0 to 400
Data columns (total 8 columns):
 #   Column       Non-Null Count   Dtype
---  ------       --------------   -----
 0   日期          401 non-null     object
 1   报销人        401 non-null     object
 2   活动地点       401 non-null     object
 3   地区          401 non-null     object
 4   费用类别编号    401 non-null     object
 5   费用类别        398 non-null     object
 6   差旅费用金额    401 non-null     float64
 7   是否加班        396 non-null     object
dtypes: float64(1), object(7)
memory usage: 14.2+ KB
```

观察输出的基本信息，可以看出创建的 df 对象有 8 个列索引，索引名分别为"日期""报销人""活动地点""地区""费用类别编号""费用类别""差旅费用金额""是否加班"。其中，"差旅费用金额"是数字字段，共有 401 行数据。但是仔细观察后，就会发现"费用类别"字段和"是否加班"字段里面的数据个数不是 401，这是因为可能存在缺失值。

(2) 使用 head()函数查看部分数据，以增加对 DataFrame 对象的了解。代码如下，数据内容如图 2-8 所示。

```
>>> df.head(5)
```

```
        日期   报销人       活动地点      地区  费用类别编号 费用类别 差旅费用金额 是否加班
0  2013/1/20  孟天祥  福建省厦门市思明区莲岳路...  福建省  BIC-001  飞机票  120.0    否
1  2013/1/21  陈祥通  广东省深圳市南山区蛇口港...  广东省  BIC-002  酒店住宿  200.0   否
2  2013/1/20  孟天祥  福建省厦门市思明区莲岳路...  福建省  BIC-001  飞机票  120.0    否
3  2013/1/22  王天宇   上海市闵行区浦星路699号   上海市  BIC-003  餐饮费  3000.0   否
4  2013/1/23  方文成  上海市浦东新区世纪大道1...  上海市  BIC-004  出租车费  300.0   否
```

图 2-8　DataFrame 对象中的部分数据

从展示的头 5 行数据看，我们发现当前的 df 对象中疑似还存在重复数据。在进行下一步的统计分析之前，需要解决两个问题：重复数据的处理以及缺失值的处理。

(3) 对重复数据进行处理。

下面首先使用 duplicated() 函数了解一下 df 对象中的重复数据有多少。代码如下，执行结果如图 2-9 所示。

```
>>> df[df.duplicated()]
```

```
         日期   报销人        活动地点      地区  费用类别编号 费用类别 差旅费用金额 是否加班
2   2013/1/20  孟天祥  福建省厦门市思明区莲岳路...  福建省  BIC-001  飞机票  120.0    否
23  2013/2/10  王雅林  江苏省南京市白下区汉中路89号  江苏省  BIC-008  停车费  976.0    否
```

图 2-9　DataFrame 对象中的重复数据

可以看出，df 对象中存在重复数据。df 对象中的第三行数据与第一行数据是重复的，特别是"日期""费用类别""活动地点"这些字段中的内容完全相同，基本可以断定是录入数据时导致的，这样的重复数据可以直接删除。

```
>>> df1=df.drop_duplicates()
>>> df1.info()   #查看删除重复数据后的 df1 对象的信息
<class 'pandas.core.frame.DataFrame'>
Int64Index: 399 entries, 0 to 400
Data columns (total 8 columns):
 #   Column      Non-Null Count  Dtype
---  ------      --------------  -----
 0   日期          399 non-null    object
 1   报销人         399 non-null    object
 2   活动地点        399 non-null    object
 3   地区          399 non-null    object
 4   费用类别编号      399 non-null    object
 5   费用类别        396 non-null    object
 6   差旅费用金额      399 non-null    float64
 7   是否加班        394 non-null    object
dtypes: float64(1), object(7)
memory usage: 17.1+ KB
```

可以看出，删除重复数据后，DataFrame 对象 df 中的数据行数为 399。但是，"费用类别"字段和"是否加班"字段中的数据个数仍然比正常的数据个数少，这是因为可能存在部分缺失值。

(4) 对缺失值进行处理。

通过前面的操作我们得知：存在缺失值的字段是"费用类别"字段和"是否加班"字段。

下面处理"费用类别"字段中的缺失值。我们首先使用列索引的 value_counts()函数查看"费用类别"字段中的内容。

```
>>> df1['费用类别'].value_counts()   #查看"费用类别"字段中的内容
火车票        65
高速道桥费     64
燃油费       64
餐饮费       37
停车费       36
出租车费      36
通信补助      36
其他        22
飞机票       18
酒店住宿      18
Name: 费用类别, dtype: int64
```

观察输出结果，我们发现"费用类别"字段中的内容是差旅报销的种类，这里面有"其他"类别。按照常规逻辑，"费用类别"字段中的缺失值很可能是因为没有录入所报销金额的种类造成的。为此，我们可以考虑将"费用类别"字段中的缺失值统一填充为"其他"。

```
>>> df1= df1.fillna({'费用类别':'其他'})
>>> df1['费用类别'].value_counts()
火车票        65
高速道桥费     64
燃油费       64
餐饮费       37
停车费       36
出租车费      36
通信补助      36
其他        25
飞机票       18
酒店住宿      18
Name: 费用类别, dtype: int64
```

对缺失值进行填充后，归为"其他"类别的数据个数由 22 变成了 25。

处理完"费用类别"字段后，使用同样的方法对"是否加班"字段进行查看。

```
>>> df1['是否加班'].value_counts()
否    338
是     56
Name: 是否加班, dtype: int64
```

可以看出，"是否加班"字段中的值只能是"是"或"否"，且缺失值只有 5 个。因此，可以将缺失值统一填充为"否"。

```
>>> df1=df1.fillna({'是否加班':'否'})
>>> df1['是否加班'].value_counts()
```

```
否     343
是      56
Name: 是否加班, dtype: int64
```

如果缺失值超过一定比例，就不能简单地统一填充为"否"，还需要对"日期"字段进行判断，看看是否为周末，这就需要用到 Pandas 的时间序列功能。对此感兴趣的读者可以查阅相关资料，这里不再详细讲述。

这样 df1 对象中的缺失值就处理完了。可以把缺失值处理完毕后的 DataFrame 对象中的数据保存至文件中，以便下一次进行统计分析时直接使用。

```
>>> df1.to_csv(r'd:\实验指导\差旅 new.csv')
```

(5) 对清洗后的 DataFrame 进行初步统计分析，示例如下：

```
>>> print(df1.describe())

       差旅费用金额
count    399.000000
mean     722.243358
std      659.928181
min       22.000000
25%      246.000000
50%      535.833333
75%      960.916667
max     3000.000000
```

上述代码通过 df1.describe()完成了对 df1 对象中数字字段的初步统计。由输出结果我们得到了"差旅费用金额"字段中的单笔最大报销金额、单笔最小报销金额以及报销均额等信息。

我们还可以通过 df1.groupby()，根据某些字段得到分组统计数据。比如，可根据"费用类别"字段进行分组统计，进而得到各类报销金额的汇总结果。

```
>>> df1.groupby('费用类别')['差旅费用金额'].sum()
费用类别
停车费      24579.466665
其他       16861.166666
出租车费     23297.066666
火车票      42066.533331
燃油费      48291.366663
通信补助     25583.333332
酒店住宿     15842.399999
飞机票      13257.799999
餐饮费      29726.933332
高速道桥费    48669.033330
Name: 差旅费用金额, dtype: float64
```

通过对"报销人"和"费用类别"字段一起进行分组统计，可以得到每个人各类报销金额的汇总结果。

```
>>> df1.groupby(by=['报销人','费用类别'])['差旅费用金额'].sum()
报销人  费用类别
```

```
余雅丽    出租车费              388.000000
        通信补助             1458.333333
        餐饮费              2500.000000
关天胜    停车费               940.833333
        出租车费             1360.800000
                        ...
黎浩然    其他                246.000000
        火车票             1560.833333
        燃油费              778.333333
        飞机票              606.500000
        高速道桥费            974.833333
Name: 差旅费用金额, Length: 191, dtype: float64
```

在通过对"报销人"和"费用类别"字段一起进行分组后，还可以使用 pivot()函数以"报销人"的值为 index，以"费用类别"字段的值为列，创建数据透视表。如图 2-10 所示。

```
>>> df3=df1.groupby(by=['报销人','费用类别'],as_index=False).sum()
>>> s=df3.pivot(index='报销人',columns='费用类别',values='差旅费用金额')
>>> s
```

```
费用类别        停车费         其他        ...    餐饮费       高速道桥费
报销人                              ...
余雅丽            NaN         NaN    ...  2500.000000         NaN
关天胜     940.833333         NaN    ...   388.000000  1458.333333
刘长辉            NaN         NaN    ...   100.000000         NaN
刘霖蕾     466.000000  532.600000    ...  1700.833333  4189.466666
唐雅林    1245.833333         NaN    ...   638.333333  8560.066667
孟天祥    2339.166666  200.000000    ...   140.000000  1085.833333
张哲宇     704.700000  606.500000    ...         NaN  1683.433333
徐亚楠    1145.833333         NaN    ...  1253.333333   680.400000
徐志晨     535.833333         NaN    ...         NaN  1253.333333
方嘉康            NaN         NaN    ...   200.000000  1560.833333
方文成            NaN 2500.000000    ...  4868.600000  1136.833333
李晓梅    1471.600000 3000.000000    ...         NaN   828.200000
李雅洁            NaN         NaN    ...  2212.633333         NaN
杨国强            NaN  458.700000    ...         NaN  1560.833333
王天宇    1319.833333         NaN    ...  3300.000000   535.833333
王崇江     300.000000         NaN    ...  1328.200000  6956.066666
王欣荣    1123.800000  345.000000    ...         NaN   458.700000
王海德     500.000000   29.000000    ...   843.333333         NaN
王炫皓     246.000000 1240.833333    ...   926.400000  1614.333333
王雅林     976.000000  433.333333    ...   282.000000  4171.600000
谢丽秋     535.833333   29.000000    ...  2699.166666         NaN
赵琳艳     606.500000  535.833333    ...  2014.266667         NaN
边金双    4663.333333  945.833333    ...         NaN  2452.866666
邹佳楠      29.000000  658.700000    ...  3740.833333   914.033333
钱顺卓    1114.833333 4659.833333    ...         NaN  6019.200000
陈祥通    1814.533333  440.000000    ...   591.000000   574.000000
黎浩然    2500.000000  246.000000    ...         NaN   974.833333

[27 rows x 10 columns]
```

图 2-10   以"报销人"为 index，以"费用类别"字段的值为列创建的数据透视表

该实例数据较多，这里仅展示了部分分析结果，感兴趣的读者可以自己动手并尝试进行分析。

2.4　小结

本章主要介绍了 NumPy 和 Pandas 这两个库在数据处理和分析方面的一些基本知识，并且通过实例使大家对数据清洗、数据统计等操作有了直观的认识。其实，NumPy 和 Pandas 库的功能十分强大，还有很多知识本章没有涉及，想要深入了解的同学，可以查阅相关资料。

第 3 章　数据可视化

数据如果能以图形化的形式展现出来，便可以更加直观地体现运算结果。Python 中常用的可视化工具有 matplotlib 库，前面介绍的 Pandas 本身也有可视化函数。本章主要介绍这两个可视化工具的使用方法。

3.1　matplotlib.pyplot 子库的基础知识

matplotlib 库是 Python 中最知名的数据可视化工具包，作用类似于 MATLAB 中的绘图工具，熟悉 MATLAB 的读者将能够很快地上手 matplotlib。pyplot 是 matplotlib 中用得最多的工具，常用的绘图函数都被封装在 pyplot 中。有了 pyplot，一些统计上常用的图形(如折线图、散点图、直方图等)仅仅使用简单的几行 Python 代码就可以实现。

matplotlib 库不是 Python 标准库，使用前需要安装，安装命令如下：

```
pip install matplotlib
```

安装后，即可导入 matplotlib.pyplot 库，命令格式如下：

```
import matplotlib.pyplot as plt
```

使用 matplotlib 绘图可以总结为三个步骤：获取数据、绘制基本图形、设置细节。获取的数据一般包括横坐标和纵坐标数据，这些数据既可以通过读取得到，又可以自己生成。为了方便演示，我们使用 NumPy 生成它们。

3.1.1　折线图

pyplot 子库中的 plot()函数是绘制直线时的最基础函数。语法格式如下：

```
plot(x, y, color, label, linestyle,…)
```

其中，x 和 y 表示绘制直线时的坐标，x 和 y 的值可以是由 NumPy 计算出来的数组，但要求数组形状一样。

其他可选参数的说明如下：

- color 表示线条的颜色，可使用'b' 'g' 'r' 'c' 'm' 'y' 'k'等颜色缩写形式。
- label 表示图例中显示的标签。
- linestyle 表示线条的线型。

例 3-1 画出经济学中线性需求函数 $q=600-8p$ 的图形，p 的取值区间为[30,50]。

```
#p0301.py
import  numpy  as  np
import  matplotlib.pyplot  as  plt
p=np.linspace(30,50,100)                    #生成数据
q=600-8*p
plt.plot(p,q,color='r')
plt.show()                                  #显示创建的图形
```

执行结果如图 3-1 所示。

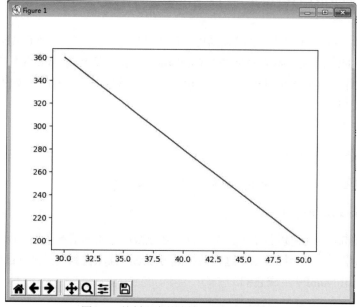

图 3-1   绘制出来的线性需求函数的图形

例 3-2 绘制函数 $f=4\sin(t)/\pi+4\sin(3t)/3\pi+4\sin(5t)/5\pi+4\sin(7t)/7\pi$ 的图形，t 的取值区间为 $[-2\pi, 2\pi]$。

```
#p0302.py
import  numpy  as  np
import  matplotlib.pyplot  as  plt

t=np.linspace(-2*np.pi, 2*np.pi,100)
f=4*np.sin(t)/np.pi+4*np.sin(3*t)/3/np.pi+4*np.sin(5*t)/5/np.pi+4*np.sin(7*t)/7/np.pi
plt.rcParams['font.sans-serif']=[ 'SimHei']          #用于正常显示中文
plt.rcParams['axes.unicode_minus']=False             #用于正常显示负号
plt.title('近似方波')                                  #显示标题
plt.plot(t,f,color='#00ff00',label='f=4sin(t)/π+4sin(3t)/3π+4sin(5t)/5π+4sin(7t)/7π')
plt.legend(loc='lower center')                        #显示图例
plt.show()
```

执行结果如图 3-2 所示。

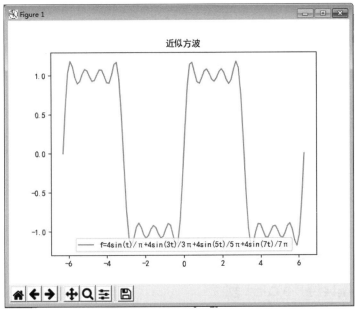

图 3-2　绘制的近似方波图形

3.1.2　散点图

pyplot 子库中的 scatter()函数用于绘制散点图。语法格式如下：

scatter(x, y, color, marker, s=size,…)

其中，x 和 y 表示绘制散点时的坐标。其他可选参数的说明如下：marker 表示散点的样式，如*为星号、o 为圆点、+为加号等；s 表示散点的大小。

例 3-3 绘制身高和体重的散点图。

```
#p0303.py
import  matplotlib.pyplot  as  plt
height=[190,196,175,185,186,180,168,188,173,182]
weight=[82,88,68,79,80,75,63,81,72,78]
plt.scatter(height,weight,marker='+')
plt.xlabel('height')
plt.ylabel('weight')
plt.show()
```

执行结果如图 3-3 所示。

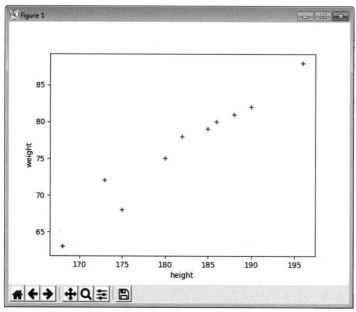

图 3-3　身高和体重的散点图

3.1.3　条形图

pyplot 子库中的 bar()函数用于绘制条形图。语法格式如下：

```
bar(x, y, width,facecolor)
```

其中，x 为横坐标值，y 为与 x 对应的条形高度，width 为条形宽度(默认为 0.8)，facecolor 为条形颜色。

例 3-4　绘制全国主要城市平均房价条形图。深圳、北京、上海、厦门、广州、三亚、南京、杭州、天津、福州、青岛、温州、济南、珠海、苏州的平均房价是 75 249、62 514、58 232、48 285、37 261、36 120、31 637、31 238、26 093、25 847、22 126、20 482、18 741、17 949、17 727 元。

```
#p0304.py
import  matplotlib.pyplot  as  plt
x=['深圳','北京','上海','厦门','广州','三亚','南京','杭州','天津','福州', '青岛','温州', '济南', '珠海', '苏州']
y=[75249,62514,58232,48285,37261,36120,31637,31238,26093,25847,22126,20482,18741,17949,17727]
plt.bar(x,y,facecolor='c')
plt.rcParams['font.sans-serif']=[ 'SimHei']
plt.title(' 2020 年全国主要城市平均房价')
plt.xlabel('城市')
plt.ylabel('价格(元)')
for x1,y1 in zip(x,y):
    plt.text(x1,y1+1000,'{:d}'.format(y1),ha='center')
plt.show()
```

执行结果如图 3-4 所示。

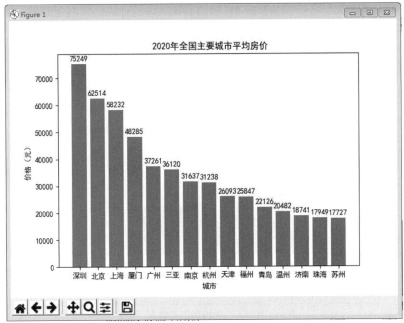

图 3-4　全国主要城市平均房价条形图

3.1.4　直方图

pyplot 子库中的 hist()函数用于绘制直方图。语法格式如下：

```
hist(x, bins, histtype,color)
```

其中，x 为待统计的数据数组，bins 为统计区间。

例 3-5　基于例 3-4，绘制平均房价处于[0,10000]、[10000,20000]、…、[90000,100000]这 10 个区间的城市数量的直方图。

```
#p0305.py
import  numpy  as  np
import  matplotlib.pyplot  as  plt
y=[75249,62514,58232,48285,37261,36120,31637,31238,26093,25847,22126,20482,18741,17949,17727]
b=np.arange(0,100001,10000)
plt.hist(y,b)
plt.rcParams['font.sans-serif']=[ 'SimHei']
plt.xlabel('价格(元)')
plt.ylabel('城市数量(个)')
plt.show()
```

执行结果如图 3-5 所示。

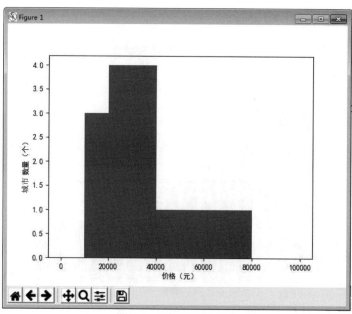

图 3-5 平均房价直方图

3.1.5 饼图

pyplot 子库中的 pie()函数用于绘制饼图。语法格式如下：

```
pie(x, explode,labels,startangle,colors,shadow,autopct)
```

其中，x 为用于绘制饼图的数据，explode 为指定突出显示的扇区，labels 为各扇区图例的名称，startangle 为第一个扇区的起始角度，colors 为各扇区的颜色，shadow 为是否显示阴影，autopct 为显示的占比格式。

例 3-6 某人月消费如下——房贷 2800 元、生活日用 1320 元、餐饮美食 820 元、交通出行 180 元、充值缴费 270 元，请画出月账单饼图。

```python
#p0906.py
import  matplotlib.pyplot   as   plt
x=[2800,1320,820,180,270]
label=('房贷','生活日用','餐饮美食','交通出行','充值缴费')
color=('y', 'r', 'm', 'c', 'k')
plt.pie(x,explode=(0.1,0,0,0,0),labels=label,startangle=0,colors=color,shadow=True,autopct='%2.0f%%')
plt.rcParams['font.sans-serif']=[ 'SimHei']
plt.title(' 个人月账单饼图')
plt.legend()
plt.show()
```

执行结果如图 3-6 所示。

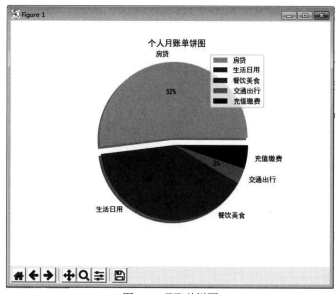

图 3-6　月账单饼图

3.1.6　各类标签的常用函数

通过前面的学习我们了解到，如果使用 pylot 进行绘图，不但代码量少，而且简单方便。使用 pylot 绘制完图形之后，就需要丰富图表的内容，比如添加标题、图例等。表 3-1 列出了使用 pylot 绘图时需要添加的各类标签的常用函数。

表 3-1　使用 pylot 绘图时需要添加的各类标签的常用函数

函　　数	说　　明	函　　数	说　　明
title()	在当前图形中加入标题	legend()	指定当前图形的图例
xlabel()	在当前图形中加入 x 轴的名称	ylabel()	在当前图形中加入 y 轴的名称
xlim()	在当前图形中指定 x 轴的范围	ylim()	在当前图形中指定 y 轴的范围
xticks()	指定 x 轴的刻度与取值	yticks()	指定 y 轴的刻度与取值

3.2　Pandas 数据可视化

除了 matplotlib 可视化工具，还可以直接使用 Pandas 的绘图功能。Pandas 的可视化函数继承和优化了 matplotlib 库，使得 DataFrame 数据可视化更为方便和容易。

下面以清洗后的数据文件"差旅 new.csv"为例向大家展示 Pandas 的可视化函数的用法。

3.2.1　折线图

Series 和 DataFrame 对象都有 plot()函数，用于绘制基本图形。默认情况下，plot()函数绘制的是折线图。语法格式如下：

plot(kind,x,y, title, style, figsize, subplots)

在进行绘图时，可以指定 x 轴和 y 轴，如果不指定，那么 DataFrame 对象的所有列将在一幅图中绘制为不同的折线；如果是 Series 对象，那么索引是 x 轴，y 轴是 Series 对象的值。kind 为字符串，用来指定绘制何种图形，比如折线图、柱状图、面积图、散点图等。title 为图形的标题，style 为线型，figsize 为图形的大小。subplots 为子图，如果参数值为 True，那么 DataFrame 对象的每一列都将被绘制为一幅子图。

例 3-7 对之前得到的"差旅 new.csv"文件中的数据，按报销人分组统计报销金额，然后生成折线图。

```
#0307.py
import pandas as pd
#import numpy as np
import matplotlib.pyplot as plt
import matplotlib as mpl
mpl.rcParams['font.sans-serif'] = ['KaiTi']
mpl.rcParams['font.serif'] = ['KaiTi']
#读取数据
df=pd.read_csv(r'd:\实验指导\差旅 new.csv')
#按报销人分组统计报销金额
s= df.groupby('报销人')['差旅费用金额'].sum()
s.plot()
plt.show()
```

执行结果如图 3-7 所示。

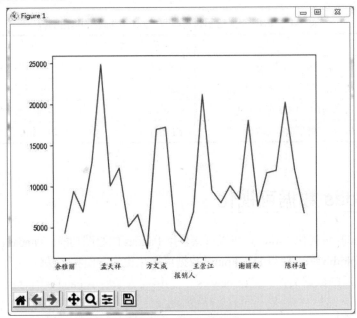

图 3-7　Pandas 折线图

3.2.2 饼图

plot.pie()函数用于绘制饼图。语法格式如下：

```
plot.pie(y,labels,color,autopct ,figsize ,legend, subplots)
```

在为 Series 对象绘制饼图时，数据中可包含任何缺失值，它们将自动被填充为 0。但是，只要数据中存在任何负值，就会导致 ValueError 异常。在为 DataFrame 对象绘制饼图时，需要指定哪一列为 y 值。但是，如果引入了参数 subplots=True，就可以创建子图矩阵。labels 用来指定数据名称，color 用来指定颜色，autopct 用来设置数据的显示格式，legend 用来指定是否显示图例，饼图不显示图例。

例 3-8 对"差旅 new.csv"文件中的数据，按"费用类别"分组统计报销金额，并生成饼图。

```
#0308.py
import pandas as pd
import numpy as np
import matplotlib.pyplot as plt
import matplotlib as mpl
mpl.rcParams['font.sans-serif'] = ['KaiTi']
mpl.rcParams['font.serif'] = ['KaiTi']
#读取数据
df=pd.read_csv(r'd:\实验指导\差旅 new.csv')
#分组统计
s= df.groupby('费用类别')['差旅费用金额'].sum()
s.plot.pie(autopct='%.1f%%')
plt.show()
```

执行结果如图 3-8 所示。

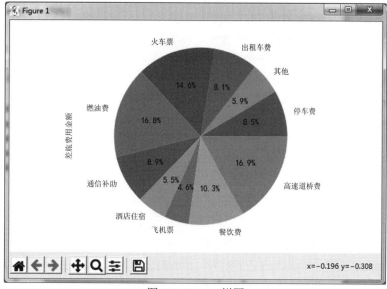

图 3-8 Pandas 饼图

3.2.3 柱状图

plot.bar()和 plot.barh()函数分别用来绘制垂直和水平的柱状图。语法格式如下：

```
plot.bar(x,y, figsize , subplots stacked)
plot.barh(x,y, figsize , subplots stacked)
```

注意，Series 对象或 DataFrame 对象的索引将被用作 x 轴刻度(bar)或 y 轴刻度(barh)。在为 Series 对象绘制饼图时，数据中可包含任何缺失值，它们将自动被填充为 0。但是，只要数据中有任何负值，就会导致 ValueError 异常。在为 DataFrame 对象绘制柱状图时，可以指定 y 值。但是，如果引入了参数 subplots=True，就可以创建子图矩阵。figsize 用来指定图形的尺寸，stacked 决定了是否启用堆叠柱状图。

例 3-9 创建以"甲、乙、丙、丁"为列索引的 DataFrame 对象，绘制水平柱状图。

```
#0309.py
import pandas as pd
import numpy as np
import matplotlib.pyplot as plt
df2 = pd.DataFrame(np.random.rand(10, 4), columns=['甲', '乙', '丙', '丁'])
df2.plot.barh()
plt.show()
```

执行结果如图 3-9 所示。

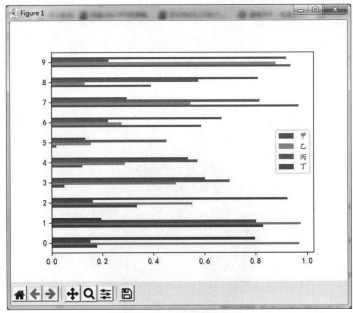

图 3-9　Pandas 水平柱状图

可以看出，在为 DataFrame 对象绘制图形时，会自动生成图例，而不需要像 matplotlib 那样单独调用 legend()函数才能将图例显示出来，这使得使用 Pandas 绘制简单的常用图形变得非常方便。使用 Pandas 能够绘制的图形还有散点图、直方图等，需要用到的函数与 matplotlib 中的函数一致，感兴趣的读者可以多进行尝试，这里不再展开讨论。

3.3 数据可视化综合实例

汽车行业近些年时常成为各大媒体关注的焦点，我国汽车品牌经过多年发展，市场占比一直逐步提升。随着国家政策大力扶持新能源汽车和各种互联网巨头的加入，中国汽车市场的混战越来越激烈。

本节以某汽车网站为例，介绍一个用 Python 爬取 2022 年 12 月份的汽车销售数据，对数据进行分析及可视化结果的综合实例。通过这个实例可以让大家对使用 Python 进行数据获取、数据分析有个更直观的认识。

3.3.1 数据爬取

通过前面对爬虫的知识介绍我们知道爬取数据的流程大致为：

① 发送请求，获取网页

② 解析数据

③ 保存解析结果

首先我们观察一下要爬取的网页内容。在浏览器中打开该汽车网站 12 月份销量的网址：http://xl.16888.com/body-1-202212-202212-1.html。我们发现该页面上的销量数据按照车辆类型分类显示，每类车辆的销售数据均在页面的表格中。当前页面显示的是两厢车的销售数据，如图 3-10 所示。

	排名	车型	销量	厂商	售价（万元）	车型相关					
⊕ 按级别	51	风光MINIEV	404	东风小康	3.26 - 5.91	销量	综述	参数	图库	报价	团购
⊕ 按价格	52	奇瑞无界Pro	309	奇瑞新能源	7.99 - 11.29	销量	综述	参数	图库	报价	团购
⊖ 按车身类型	53	小麒麟	274	江铃集团新能源	5.59 - 5.89	销量	综述	参数	图库	报价	团购
▸ 两厢车	54	凌宝uni	188	吉麦新能源	3.88 - 4.78	销量	综述	参数	图库	报价	团购
▸ 三厢车	55	全累Q1	176	云雀汽车	6.98 - 7.58	销量	综述	参数	图库	报价	团购
▸ MPV	56	欧拉芭蕾猫	108	长城新能源	19.30 - 22.30	销量	综述	参数	图库	报价	团购
▸ 运动汽车	57	速派	85	上汽斯柯达	16.99 - 19.49	销量	综述	参数	图库	报价	团购
▸ SUV	58	长安UNI-V新能源	59	长安汽车	0.00 - 0.00	销量	综述	参数	图库	报价	团购
汽车厂商销量	59	零跑S01	42	零跑汽车	11.99 - 15.09	销量	综述	参数	图库	报价	团购
汽车品牌销量	60	名爵6新能源	27	上汽名爵	14.58 - 19.98	销量	综述	参数	图库	报价	团购
车型销量	61	英朗	1	上汽通用别克	11.99 - 12.59	销量	综述	参数	图库	报价	团购
电动车销量											

共61条数据 上一页 1 **2**

图 3-10 汽车网站销量页面

使用 F12 功能键查看开发者调试页面，查看该页面中的 Elements 元素，查找该网页的源代码中的标签"table"。可以发现，该标签对应的内容就是网页中两厢汽车的销售数据表格，如图 3-11 所示。

图 3-11　页面的 Elements 元素中的标签"table"对应的数据

继续用鼠标锁定 table 标签中的每个"tr"标签，可以看到，"tr"标签对应的就是表中的每行销售数据，内容由"排名""车型""销量""厂商"等组成，如图 3-12 所示。

图 3-12　"tr"标签对应的数据

对于当前页面，获取了网页源代码后，使用 BeautifulSoup4 库解析网页中的数据，就能提取当前页面中两厢车这一车身类型的销售数据。

继续观察图 3-10，会发现两厢车 12 月的销售数据有分页情况。再观察其他三厢车、SUV等车身类型的销售数据页面，也都有不同情况的分页。鉴于我们的目标是获取 12 月份所有车辆的销售数据，这就需要事先汇总出所有需要爬取的网址集。这样，在爬取的时候，就可以按照汇总好的网址集依次获取网页并进行解析。

通过分析不同类型车辆 12 月份销售数据的网址，找到网址的规律。下面三行网址分别是该网站两厢车、三厢车和 SUV 车身类型 12 月份销售数据的网址：

http://xl.16888.com/body-1-202212-202212-1.html

http://xl.16888.com/body-2-202212-202212-1.html

http://xl.16888.com/body-5-202212-202212-1.html

每个网址中"body-"和月份"202212-202212-1"之间的数字代表车身类型，每个网址中最后的数字代表页号。对照关系如下：两厢车的类型数字为"1"，12 月销售数据有 2 页；三厢车的类型数字为"2"，12 月销售数据有 3 页；SUV 车的类型数字为"5"，12 月销售数据有 6 页。

根据这种对照关系，创建字典 num_dict，以类型数字为键，以页码和车身类型名称为值。

```
num_dict={
    '1':['2','两厢车'],
    '2':['3','三厢车'],
    '3':['1','MPV'],
    '5':['6','SUV']    }
```

同时将前面的网址按照分析的规律重构如下：

http://xl.16888.com/body-类型数字-202212-202212-页码.html

利用循环遍历字典 num_dict，就可以快捷地构造出我们需要爬取的所有网址 urls：

```
urls=[ f'http://xl.16888.com/body-{num}-202212-202212-{i}.html'
for num in num_dict for i in range(1,int(num_dict[num][0])+1) ]
```

由此，爬虫程序的整体设计思路基本确定：

- 构造需要爬取的网址列表；
- 遍历网址列表，发送请求，获取页面内容，解析网页内容，获取销售数据；
- 保存数据。

需要用到的库有：requests、BeautifulSoup、pandas、numpy。

这一部分的完整代码如下：

```
import requests
import bs4
from bs4 import BeautifulSoup
import pandas as pd
import numpy as np

#get_url()函数主要是发送 url 请求，返回获取的页面内容
def get_url(url):
    r=requests.get(url)
    return r.text

# get_data ()函数主要是根据 get_url()函数返回的内容进行解析，返回当前页面的销售数据
def get_data(html,num):
    soup = BeautifulSoup(html, "html.parser")
    sales=soup.select('table > tr > td')
    sale_unclean=[ t.get_text() for t in sales ]
    #清洗掉不需要的数据
    sale_clean=[sale_unclean[i:i+5] for i in range(0,len(sale_unclean),6)]
    #根据当前数据的车辆类型编号建立列表 style
    style=[num for i in range(len(sale_clean))]
    #将列表 sale_clean 和列表 style 合并为 numpy 数组 car
    car=np.c_[np.array(sale_clean),np.array(style)]
```

```
        return car

    # save_data()函数利用 pandas 保存爬取的销售数据
    def save_data(df):
        df.to_csv( f'sale _month.csv',index=False )


    #主程序
    #1 建立车辆类型号与类型车辆网页的页码对照表
    num_dict={
        '1':['2','两厢车'],
        '2':['3','三厢车'],
        '3':['1','MPV'],
        '5':['6','SUV']        }
    #2 构造网页链接列表
    urls=[f'http://xl.16888.com/body-{num}-202212-202212-{i}.html' for num in num_dict for i in
range(1,int(num_dict[num][0])+1)]
    print('需要爬取的网页链接：')
    print(urls)
    all_sale _=pd.DataFrame()
    #3  遍历网址列表爬取数据
    for url in urls:
        html=get_url(url)
        num=url[25:26]        #根据当前网页截取车辆类型号
        car_sale=get_data(html,num )
        car_sale=pd.DataFrame(car_sale)
        all_sale _=pd.concat([all_sale _,car_sale])

    #4  保存数据
    save_data(all_sale _)
```

程序运行后，在指定目录里会出现一个 csv 文件 sale _month.csv，文件内容如图 3-13 所示。

	A	B	C	D	E	F
1	0	1	2	3	4	5
2	1	宏光MINIEV	73009	上汽通用五菱	3.28 - 9.99	1
3	2	朗逸	33887	上汽大众	10.09 - 15.99	1
4	3	海豚	26074	比亚迪	11.68 - 13.68	1
5	4	长安UNI-V	20211	长安汽车	10.89 - 13.99	1
6	5	名爵5	19374	上汽名爵	6.79 - 9.99	1
7	6	思域	19254	东风本田	12.99 - 18.79	1
8	7	逸动	15056	长安汽车	7.29 - 10.39	1

图 3-13　sale _month.csv 文件数据内容

3.3.2　数据处理

这一部分的目标是对数据文件 sale _month.csv 中的数据进行清洗，以便后续对这些数据进行分析和可视化。首先，导入需要的库，将数据从文件 sale _month.csv 读入 DataFrame 对象 car 中，并查看数据情况。

```
>>> import pandas as pd
>>> import numpy as np
>>> car=pd.read_csv('sale_month.csv')
```

```
>>> car.head()
     0    1            2       3          4              5
0    1    宏光 MINIEV   73009   上汽通用五菱   3.28 - 9.99    1
1    2    朗逸          33887   上汽大众      10.09 - 15.99  1
2    3    海豚          26074   比亚迪       11.68 - 13.68  1
3    4    长安 UNI-V    20211   长安汽车      10.89 - 13.99  1
4    5    名爵 5        19374   上汽名爵      6.79 - 9.99    1
```

其次，可以发现 car 对象中的每列数据的列标签为序号，每列数据表示的实际标题信息是缺失的。观察图 3-10，可得到每列数据的标题，将这些标题组成列表，重新赋给 DataFrame 的 columns 属性，就可以完成列标题的重置。

```
>>> name=['排序','品牌','销量','厂商','售价(万元)','车身类型']
>>> car.columns=name
>>> car.info()
<class 'pandas.core.frame.DataFrame'>
RangeIndex: 531 entries, 0 to 530
Data columns (total 6 columns):
 #   Column      Non-Null Count    Dtype
---  ---------   ---------------   -------
 0   排序          531 non-null      int64
 1   品牌          531 non-null      object
 2   销量          531 non-null      int64
 3   厂商          531 non-null      object
 4   售价(万元)      531 non-null      object
 5   车身类型        531 non-null      int64
dtypes: int64(3), object(3)
memory usage: 18.7+ KB
```

通过 car.info()显示的信息，可以看到 columns 属性已经重置完成，整个 DataFrame 一共有531 行数据，每列数据都没有 null 值，数据内容的完整性很不错。

接着，要处理的系列是 car['车身类型']。前面的 car.info()显示该列数据的类型是整数 int64，存储的内容是前面数据爬取中所获取的车辆类型数字。这里，根据前面创建的对照字典 num_dict，可将该列内容更改为更容易理解的车身类型名称。

```
>>> car['车身类型']=car['车身类型'].map( lambda x:num_dict[str(x)][1] )
>>> car.tail()
        排序    品牌              销量   厂商        售价(万元)         车身类型
526     276   阿图柯 AIRTREK    3    广汽三菱     19.98 - 22.98   SUV
527     277   讴歌 CDX         2    广汽讴歌     22.98 - 34.98   SUV
528     278   锐际新能源        2    长安福特     20.80 - 20.80   SUV
529     279   本田 CR-V 新能源   1    东风本田     27.38 - 29.98   SUV
530     280   发现运动版新能源    1    奇瑞捷豹路虎   40.98 - 42.28   SUV
```

下一步，要处理的系列是 car['排序']。该列数据表示品牌车辆在某类型车辆销售中的排名。由于 car 中的车辆销售数据包含了所有类型的数据，因此在整个 DataFrame 中，该列数据的实际意义已不太重要，可以直接删除。

```
>>> del car['排序']
```

最后，要处理的系列是car['售价(万元)']。通过观察，可将该列数据拆分成最高价和最低价两列数据，这样处理方便以后进行销售量与销售价格关系方面的分析。

```
>>> car['最低价(万元)'] = car['售价(万元)'].map(lambda x: str(x).split('-')[0])
>>> car['最高价(万元)'] = car['售价(万元)'].map(lambda x: str(x).split('-')[1])
```

另外，还要将清洗后的数据保存到文件中。

```
>>> car.to_csv('carsale_clean.csv',index=False)
```

程序运行后，在当前目录中会有一个文件 carsale_clean.csv，打开后所呈现的数据如图3-14所示。

品牌	销量	厂商	售价（万元）	车身类型	最低价（万元）	最高价（万元）
宏光MINIEV	73009	上汽通用五菱	3.28 - 9.99	两厢车	3.28	9.99
朗逸	33887	上汽大众	10.09 - 15.99	两厢车	10.09	15.99
海豚	26074	比亚迪	11.68 - 13.68	两厢车	11.68	13.68
长安UNI-V	20211	长安汽车	10.89 - 13.99	两厢车	10.89	13.99
名爵5	19374	上汽名爵	6.79 - 9.99	两厢车	6.79	9.99
思域	19254	东风本田	12.99 - 18.79	两厢车	12.99	18.79
逸动	15056	长安汽车	7.29 - 10.39	两厢车	7.29	10.39
帝豪	13117	吉利汽车	6.99 - 12.98	两厢车	6.99	12.98

图 3-14   2022-12 月份汽车销售数据

3.3.3 数据可视化

1. 以车型分组进行销量统计的可视化

有了 2022 年 12 月的汽车销量数据的 csv 文件后，就可以用前面学到的知识进行数据分析与可视化的操作了。先导入 Pandas 库，读取上面保存的"carsale_clean.csv"文件，创建 DataFrame 对象 datas。以"车身类型"为分组依据，对销量进行汇总求和，使用 Pandas 库的可视化函数 plot()显示统计结果。

设计思路：

① 读取数据文件，创建 DataFrame 对象；

② 分组汇总后，利用 pandas.plot()显示数据；

这里我们需要用到的库有：pandas、matplotlib。

部分代码如下：

```
import pandas as pd
import numpy as np
import matplotlib.pyplot as plt
import matplotlib as mpl
data = pd.read_csv('carsale_clean.csv')
#以'车身类型'为分组依据，对销量进行汇总求和
s=data.groupby('车身类型')['销量'].sum()
#用饼图显示汇总结果 s
mpl.rcParams['font.sans-serif']=['KaiTi']
mpl.rcParams['font.serif']=['KaiTi']
explode=[0,0.1,0,0]
s.plot.pie(autopct="%.1f%%",explode=explode)
plt.title('按车身类型统计')
```

```
plt.legend(loc=2, bbox_to_anchor=(1.05,1.0),borderaxespad = 0.)
plt.show()
```

运行结果如图 3-15 所示。由图 3-15 可见，SUV 车型的销量占比最高，达到 44.6%，说明当前中国消费者在购置汽车时，对车的空间、动力方面有一定的需求。

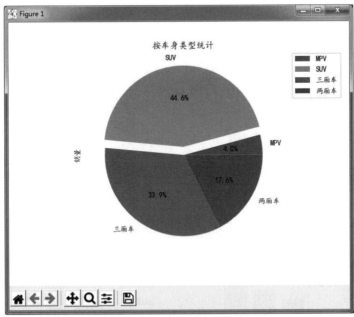

图 3-15　按车身类型进行销量统计

可以定义函数 topcar，利用 Pandas 库的 apply 方法从"车身类型"的分组结果中筛选出各类车型销量 Top3 的汽车品牌，同时使用 Matplotlib 绘制子图矩阵，将四种车型的数据图分开绘制，结果如图 3-16 所示。

部分代码如下：

```
import pandas as pd
import numpy as np
import matplotlib.pyplot as plt
import matplotlib as mpl

#函数 topcar 的功能是以销量数据为标准进行排序，返回筛选出的 topN 的 df
def topcar(df, n=3, column='销量'):
    return df.sort_values(by=column)[-n:]

data = pd.read_csv('carsale_clean.csv')

#按照车身类型分组，对分组后的结果应用 topcar 函数
#得到各类车型销售前 3 的数据 classcartop3
calssdf=data.groupby('车身类型')
classcartop3=calssdf.apply(topcar)

#从 classcartop3 筛选出四个类别的数据
usvtop3=classcartop3.loc[classcartop3['车身类型']=='SUV']
```

```
lxctop3=classcartop3.loc[classcartop3['车身类型']=='两厢车']
sxctop3=classcartop3.loc[classcartop3['车身类型']=='三厢车']
mpvtop3=classcartop3.loc[classcartop3['车身类型']=='MPV']

##绘制子图矩阵，显示四类车型销量 top3 的品牌
mpl.rcParams['font.sans-serif']=['simhei']
mpl.rcParams['font.serif']=['simhei']
fig,axes=plt.subplots(2,2)  #创建子图
plt.subplots_adjust(wspace=1,hspace=1)
axes[0][0].set_title('SUV 车型销量 TOP3')
axes[0,0].bar(usvtop3['品牌'],usvtop3['销量'])
axes[0][1].set_title('两厢车车型销量 TOP3')
axes[0,1].bar(lxctop3['品牌'],lxctop3['销量'])
axes[1][0].set_title('三厢车车型销量 TOP3')
axes[1,0].bar(sxctop3['品牌'],sxctop3['销量'])
axes[1][1].set_title('MPV 车型销量 TOP3')
axes[1,1].bar(mpvtop3['品牌'],mpvtop3['销量'])
plt.show()
```

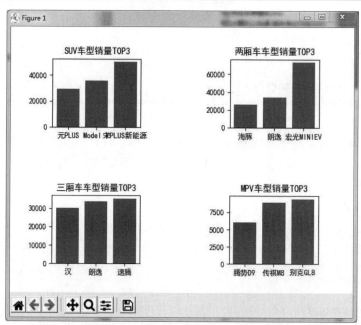

图 3-16　四类车型 Top3 销量的子图矩阵

2. 以"厂商"为分组进行数据可视化

下面以"厂商"为分组进行数据分析，统计销量前十的厂商各类车型的销售情况并进行可视化展示。

首先通过"厂商"字段的 unique()查看该字段数据的基本情况。len(facNum)的结果显示 12 月份的销售数据中共有 102 个汽车厂商。

```
>>> facNum=data['厂商'].unique()
>>> len(facNum)
102
```

设计思路：

① 先按车企进行销量汇总，并对结果排序，获得销量前十的汽车厂商；

② 从销量数据中筛选出销量前十的汽车厂商的销售数据；

② 利用数据透视表 pivot() 获得各厂商各种车型的销量汇总情况，并进行可视化展示。

部分代码如下：

```python
import pandas as pd
import numpy as np
import matplotlib.pyplot as plt
import matplotlib as mpl
data = pd.read_csv('carsale_clean.csv')

#按车企统计销量
factory=data.groupby('厂商')[['销量']].sum()

#排序后获得销量前十的数据 factorytop10
factorytop10=factory.sort_values(['销量'])[-10:]

#从 factorytop10 的 index 获取由前十的车企名称组成的列表 top10
top10=list(factorytop10.index)

#从 data 中筛选出前十车企的销售数据表 datatop10
datatop10=data.loc[data['厂商'].isin( top10 )]

#对 datatop10 按照厂商和车身类型进行分组，统计销量总计 s1
s1=datatop10.groupby(['厂商','车身类型'],as_index=False).sum()

#对获得的分组结果用透视表进行行列重置，获得 s2
s2=s1.pivot(index='厂商',columns='车身类型',values='销量')

#绘制柱状图，横坐标为车企
mpl.rcParams['font.sans-serif']=['simhei']
mpl.rcParams['font.serif']=['simhei']
s2.plot(kind="bar")
#设置柱状图标题
plt.title('销量前十的车企各类车型销售数据')
#设置 x 轴文本倾斜显示
#plt.xlabel('汽车厂商')
plt.xticks(rotation=45)
plt.show()
```

运行结果如图 3-17 所示。有图 3-17 可以看出，对于 SUV 车型，车企比亚迪的销售数据非常亮眼。与图 3-16 中分析的情况一致，SUV 销量 top3 中有两个品牌都由比亚迪制造。一汽大众和上汽大众这样的老牌传统车企，车辆销售方面依然还是以三厢车为主，但也只是与比亚迪的三厢车销量大致持平。由此可以看出，近年来崛起的车企给整个汽车市场带来的巨大变化，人们购车时的消费观念也在悄悄地发生改变。

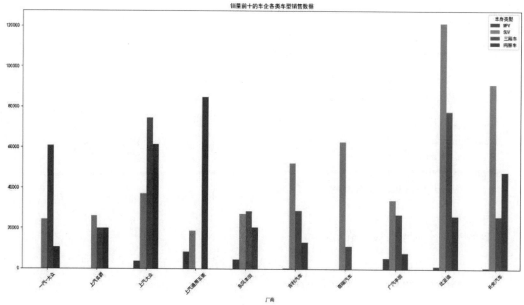

图 3-17 销量前十的车企各类车型销售数据

3.4 小结

本章主要介绍了 Python 数据可视化的入门知识，并通过一个汽车销售数据的爬取和可视化的综合实例完整、系统地展示了从互联网上获取数据、分析数据以及展示数据的方法。这个综合实例其实还有很多需要完善的地方，希望大家多多研究，丰富这个实例的功能，提升自己的编程能力。

参 考 文 献

[1] 嵩天. 全国计算机等级考试二级教程——Python 语言程序设计(2019 年版)[M]. 北京: 高等教育出版社，2018.

[2] 黄天羽，李芬芬. 高教版 Python 语言程序设计冲刺试卷(含线上题库)[M]. 2 版. 北京：高等教育出版社，2019.

[3] 袁方，肖胜刚，齐鸿志. Python 语言程序设计[M]. 北京：清华大学出版社，2019.

[4] John Zelle. Python 程序设计[M]. 3 版. 王海鹏，译. 北京：人民邮电出版社，2018.

[5] Mark Lutz. Python 学习手册[M]. 4 版. 李军，刘红伟等，译. 北京：机械工业出版社，2011.

[6] 唐永华，刘德山，李玲. Python3 程序设计[M]. 北京：人民邮电出版社，2019.

[7] 董付国. Python 数据分析、挖掘与可视化[M]. 北京：人民邮电出版社，2020.

[8] 王凯，王志，李涛，等. Python 语言程序设计[M]. 北京：机械工业出版社，2019.

[9] 明日科技. Python 从入门到精通[M]. 北京：清华大学出版社，2019.

[10] DanielYChen. Python 数据分析活用 Pandas 库[M]. 武传海，译. 北京：人民邮电出版社，2020.

[11] 焉德军，辛慧杰，王鹏. 计算机基础与 C 程序设计[M]. 3 版. 北京：清华大学出版社，2017.